태교시리즈 1

재미있는
미혼태교

태교시리즈 1

재미있는 미혼태교

임동근 지음

머리말

이 책은 어려운 학문서적이 아니다. 그렇다고 소설도 아니다.

미혼여성을 대상으로 여러 군데 강의를 하다 보니 시대의 요구를 알게 되고, 또 많은 질문을 받다 보니 그들이 알고 싶어 하는 것이 무엇인지를 느껴 그동안 강의하던 내용과 요사이 새롭게 밝혀지는 과학의 소식을 한데 묶고 자료가 될 만한 것을 추려 한 권의 책으로 엮은 것이다.

요즘 우리 사회는 급속한 발전으로 사회주변 여기저기에서 무분별한 성 개방이 일고, 피임약의 잘못된 사용은 또 하나의 문제를 일으켜 빨라진 성문제와 발생문제는 그냥 덮어두고 지나칠 수 없는 사회문제에서 개인의 행복문제로 돌이켜볼 만큼 발전했다. 그러므로 결혼 후에나 한다던 태교(胎敎)가 이젠 미혼여성뿐만 아니라 미혼남성들까지도 꼭 알아두어야 할 지식으로 변화하였다.

결혼하고 나서 한다면 이미 늦다. 결혼하기 전에 미리미리 알아두어 준비하고 예비부모로서의 자격을 갖추지 않으면 자칫 불행해질 수 있다는 통계에서 이 지식을 전달할 책임을 느낀다. 아울러 이 책을 통해 장래 자신의 행복에 보탬이 된다면 무한한 영광으로 생각하겠다.

애써 교육적인 차원이 아니더라도 읽고 나면 확신을 가질 수 있도록 동서고금의 이야기를 시대감각에 맞게 망라하였으며 에세이 형식을 빌려 집필했으므로 태교에 관한 한 이보다 더 흥미롭고 알기 쉽게 엮은 미혼을 위한 책은 아직 없었을 것으로 생각한다.

특히 부록으로 엮은 『태교신기』는 우리 문화의 자랑이라 할 수 있는 중요한 글이라 보물같이 여기는 것으로, 읽고 난 후 결혼하여 임신했을 때 실천의 지침서로 활용한다면 좋을 것 같다.

"태교가 어느 나라 종교냐"는 난센스의 질문으로부터 모든 미혼남녀들이 태교를 피부로 느끼게 되기까지는 무수한 어려움의 점철이 있었음을 되새기며, 지도를 아끼지 않으신 분들께 지면을 빌려 다시 감사를 드리며 앞으로는 더욱 분발하여 태교를 학문적 차원으로까지 끌어올릴 것을 약속드린다.

임동근

목차

제4장 실험보고

제5장 임신 중의 활동

제6장 우리나라의 전통태교

제1장

될성부른 나무는

우는 아기의 버릇

하루는 서울 강남구에 사는 L 여사가 찾아와 자신이 겪었던 이야기를 했다.

L 여사는 현재 3남매를 둔 평범한 가정주부로, 이것은 둘째 딸을 낳았을 때의 일이다. 이 아이는 어쩐 일인지 젖을 먹일 때 심하게 젖꼭지를 물어서 비명을 지르게 했다. 어느 때는 안아주면 어깻죽지를 물고, 어떤 때는 귀엽다고 뽀뽀를 하면 입술을 물어서 피를 흘리게도 했다. L 여사는 '이 버릇이 어디서 생겼을까?' 고민했다. 창피스러워 주위 사람들에게는 말도 못하고 다만 몇 군데 병원을 찾아 진찰을 했으나 병원마다 아무 이상이 없다는 것이어서 한편 다행이라는 생각을 했다.

그런데 하루는 친척이 예쁜 스피츠 강아지 한 마리를 주어서 아기의 친구로 방에서 키우는데, 설거지를 하다가 갑자기 이상한 비명이 들려 황급히 뛰어가 보니, 이게 무슨 일인가? 아기가 강아지를 물어서 강아지 귀에는 피가 흐르고, 우는 아기 입에는 털이 수북이 붙어 있지 않은가! 너무나 놀라 급히 아기 입가에 붙은 털을 닦아주면서 생각을 하니 이건 보통 문제가 아니었다. 아기를 두들기며 같이 울었다. 무슨 수가 없을까? 아무리 생각해봐도 방법이 없었다. "이놈아 개가 사람을 물 순 있지만 어찌 사람이 개를 무느냐?" 하며 어이가 없어 털썩 주저앉아 있다가, 이 원인을 꼭 밝혀내고야 말리라 굳게 마음먹었다. 만약 이번에도 같은 결과가 나오면 정신병원에 가서 특진이라도 받아야겠다는 결심으로 집을 나섰다.

병원 한 군데를 들렀으나 결과는 마찬가지였다. 아기는 아무 이상이 없다는 것이다. 하는 수 없이 정신병원에라도 가려고 택시를 기다리는데 차는 만원, 만원…… 그래도 차를 잡으려 애를 쓰는데 마침 저 건너편에 있는 조그마한 병원이 눈에 들어왔다. 어째 다시 가보고 싶은 충동이 일어난 것은 만약 아기의 정신에 이상이 있다면 자기 자신은 어떻단 말인가 하는 불길한 생각에서였다.

그 병원에선 나이 지긋하신 의사선생님이 진찰을 하였는데 역시 아무 이상이 없다고 하셨다. 다행이기는 하나 만약 이번에도 같은 결과가 나오면 정신병원에 가려 했다고 하며 무슨 좋은 방도가 없겠습니까? 하고 의사선생님께 모든 것을 털어놓았다. 그랬더니 물끄러미 쳐다보고 계시던 의사선생님이 "혹시 부인은 태교라는 것을 아십니까? 이 아이를 가졌을 때의 일을 기억할 수 있겠습니까?" 하고 물었다. 오래된 일이라서 막연하기만 한 질문을 받은 L 여사는 잠시 어리둥절했으나 곰곰이 생각해보니 문득 임신 때의 일로 어느 남자의 팔목을 물었던 일이 떠올랐다.

내용인즉 L 여사 남편이 국회의원에 입후보하여 차점으로 낙선하는 바람에 가산을 날리고 L 여사가 생계를 꾸려나가고 있을 때, 우연히 자동차매매의 잔금 지불문제를 놓고 시비가 벌어져 화가 머리끝까지 오른 L 여사는 급기야 남자가 휘두르는 팔목을 잡고 '앙' 하고 물었던 일이 있었다는 것이다.

임신 3개월인지 4개월인지 확실히는 모르나 초기였던 것 같다고 하자 의사선생님은 무릎을 치며, 그렇다면 이는 바로 태중에서의 영향이니 염려 말고 돌아가서 잘 타이르라고 하였다. 이상히 여긴 L 여사가 "주사나 약이 없습니까?" 하고 묻자, 다른 방법은 없으니 그저 서서히 타이르라고 하는 것이 아닌가! 그래서 어리둥절하여 "얼마나 걸리면 될까요, 한 1년이면 됩니까?" 하고 묻자 의사선생님은 놀라며 "네?" 하고 오히려 반문하는 것이었다. "그럼 4~5년은 걸립니까?" 하고 되묻자, 의사선생님은 다시 "네?" 하는 것 아닌가. 어! 이거 뭐가 잘못됐나 하고 "그럼 한 10년은 걸립니까?" 하니 "글쎄요!" 하더라는 것이다. 그래서 이번에는 다시 크게 마음을 먹고 "그럼 한 20년 걸립니까?" 하니 그때서야 비로소 "아마 그 정도는 생각하고 꾸준히 잘 타일러야 할 것입니다" 하더란다.

L 여사는 하는 수 없이 그대로 집으로 돌아와 현재까지 아이를 키우는데 그동안 얼마나 많은 고생을 했는지 모른다고 한다. 현재 이 아이는 16살인데 아직도 1년에 한두 번은 꼭 어떤 사고를 내서 요사이는 물었다 하면 학교선생님으로부터 급히 와 달라는 전화가 오고, 다친 학생의 부모까지 찾아와 치료비는 물론 사과하느라 골치를 앓는다는 것이다. 그런데 이것도 4년을 더 고생하면 되는 건지 14년을 더 해야 되는지 모르겠으니 어이하면 좋겠느냐 하면서 태교의 중요성은 자기 같은 경험을 해보지 않은 사람은 잘 모를 것이라면서, 필자의 연구사업을 대단히 훌륭하다고 하며 많은 사람에게 이것이 전

파되기를 바란다고 했다. 또 강의할 때 자기의 경험담을 이야기해 달라고 부탁까지 했다. 나중에 알게 된 일이지만 그 마지막에 진찰해주신 의사선생님은 명문가의 후손으로 그 집은 대대로 태교를 중요시하여 자손들이 모두 뛰어났다는 이야기도 첨가했다. 이렇게 무는 아이의 버릇은 바로 엄마의 태중에서 비롯된 것이라는 이야기를 간략하게 소개한다.

만약 여기에 병명을 붙인다면 뭐라고 하면 좋을까? 선천성 멍멍짓이라고나 할까? 그리고 임신 중 어느 순간에 있었던 일을 어쩌면 그렇게도 닮을 수가 있을까? 참으로 어이없는 일이다. 이것이 바로 태생학에서 본 태아의 영향설 이야기의 한 토막이다.

잉꼬부부의 파경

잉꼬부부라고 소문이 나 있는 어느 부부가 있는데, 아기의 발가락 한 개의 선천성 기형으로 한쪽 발과 다리가 제대로 자라지 않아 대학병원과 유명하다는 곳은 다 찾아다니며 치료를 받았다고 한다.

그들은 이야기를 하다가 필자가 태교전문가라는 것을 알자 돈은 얼마가 들어도 좋으니 우리 부부를 살려 달라고 매달렸다. 내용인즉 부부는 여러 달을 싸우다가 금주 내로 아기를 치료하지 못하면 이혼하기로까지 약속이 되어 있다는 것이다. 필자는 의사가 아니므로 미연에 방지하는 교육은 할 수 있으나 치료는 할 수 없다고 이야기를 했지만, 그래도 자기보다는 방법을 좀 더 알 수 있지 않겠느냐면서 애원을 했다. 할 수 없이 조언을 좀 하긴 했지만 어이없는 일이 아닐 수 없었다.

원인을 심층 취재해보니 그녀는 임신 중에 외국제 영양제 몇 알을 먹은 적이 있다는 이야기였다. 임신 중에 복용하는 약은 어떤 것이든 독성화할 우려가 있다. 설혹 보약이라도 그것이 태아에게 꼭 좋다고 판명되지 않는 한 먹지 않는 것이 더 좋다는 리포트가 나오고 있을 정도인데 모르거나 실수로 먹는 경우도 아니고 과용, 오용하는 것은 뭔가 잘못될 소지가 있다.

영양제 몇 알과 선천성 기형아 그리고 파경에 이른 어느 잉꼬부부의 딱한 사정, 어느 쪽을 나쁘다고 지적해야 할지?

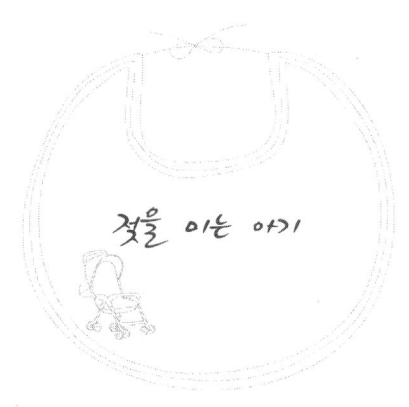

젖을 **이는** 아기

미국의 어느 병원에서 예쁜 아기가 탄생했다. 순산이었다. 산모는 침대에 누워 있었고 간호사는 아기에게 새 옷을 입힌 후 엄마 젖을 먹이기 위해 아기를 엄마 품에 안겼다. 그러나 이게 웬일인가? 아기는 울면서 엄마의 젖을 미는 것이 아닌가! 간호사는 놀라며 다시 아기 팔을 엄마의 젖을 먹도록 유도했다. 그러나 그게 아니다. 아기는 두 팔을 쭉 뻗치며 엄마 젖을 안 먹겠다는 듯이 밀어내는 것이 아닌가!

간호사는 달려가 의사에게 이 사실을 말하니 의사는 무슨 그런 일이 있겠느냐면서 다시 잘해 보라고 했지만 간호사의 노력은 아무 소용이 없었다. 어쩌면 좋은가 이리저리 노력해보다가 하는 수 없이 의사에게 달려가 보고를 했다. 의사는 "그럴 리가 있나. 간호사가 뭘 잘못했겠지!" 하며 다시 잘해 보라고 핀잔을 주었다. 그래서 지금까지 써본 방법을 다 이야기했더니 "어디 그럼 같이 가볼까?" 하며 그 방에 갔다. 그리고 의사가 와서 엄마 젖을 물도록 해보았으나 역시 헛수고였다. 그래서 간호사에게 안아 보라고 하니 울던 아기는 울음을 멈추고 난데없이 간호사의 품을 찾는 것이 아닌가! 이상히 여겨 정신과, 소아과 의사에게 상의해보았으나 원인을 알 수 없었다.

정신과 의사가 산모에게 한번 물어 보자 하여 질문을 했더니, 산모가 갑자기 화를 버럭 내며 손을 휘저어 말하길 "나는 아기가 싫단 말예요. 내 남편이 아기를 낳지 않으면 이혼하겠다고 하여 아기를 낳았을 뿐이지, 나는 아기를 키우지도 않을 거예요" 하며 돌아눕더라는 것이다.

이렇게 해서 원인은 밝혀졌으나 아기를 원하지 않는 아기의 엄마와 젖을 밀어내는 아기의 행동을 글로 표현해보면 어떨까?

"나도 당신의 젖은 먹지 않을래!"

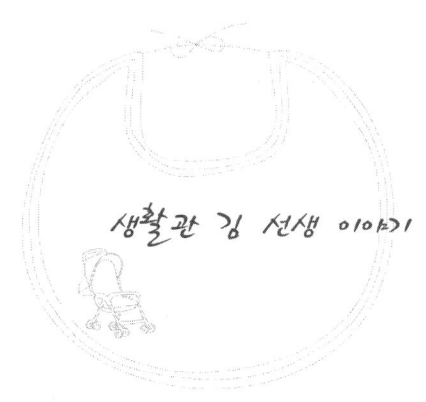

생활관 김 선생 이야기

김 선생의 이야기인즉, 어느 날 손님을 초대해 놓고 음식준비가 덜 되어 정신없이 바쁜 중이었는데 4살배기 딸이 "엄마 제가 도와 드릴까요?" 하더라는 것이다. 그래서 그냥 "그래" 하고 대답을 하고는 속으로 "네가 뭘 도와줘" 하며 음식을 장만하고 있는데 "포크는 이쪽, 스푼은 이쪽" 하며 중얼거리는 소리가 귓전으로 들렸다. 얼마 후 상을 차리기 위해 식탁에 와 보니 너무 놀라 입이 딱 벌어질 지경이었다. 제자리에 스푼과 포크를 놓았을 뿐 아니라 냅킨도 잘 접어서 정확한 자리에 놓았는데, 그 모양이 어른이 놓아도 그리 단정하고 예쁘게 놓을 수가 있을까 할 정도였다. 가르쳐준 일도 없을뿐더러 이런 손님 접대도 자주 하지 않았는데 '저 아이가 어떻게 저렇게 할 수 있나?' 하며 어디서 보았을까를 생각게 했다.

조금 후 손님들이 오셨다. 그들은 상을 차려놓은 것을 보고 칭찬이 자자했다. 그래서 포크와 스푼은 우리 딸이 놓았다고 하니, 그 엄마에 그 딸이 아니냐면서 웃었다. 그제야 '아!' 하고 생각나는 것이 있었다.

자신은 임신을 전후하여 새로 개관한 생활관 담당으로 부임하였다. 여러 가지 어려운 일도 있었지만 긍지를 갖고 학생을 지도하는 일과 정리·정돈하는 일에 열과 정성을 쏟으며 항상 기쁜 마음으로 지냈다. 그러는 동안 임신을 하였고, 그러면서도 계속 일에 열중했다. 임신 중에 엄마가 보고, 듣고, 생각하고, 행동하는 것이 아기에게 곧 영향을 준 것 같다.

그 아이는 자라면서도 꼭 그렇게 가르쳤다기보다는 놀고 나면 스스로 장난감이나 책을 제자리에 갖다 놓고 정리를 한다. 옷도 벗어서 아무 곳에나 놓지 않고 꼭 제자리를 찾아 놓는다. 어느 날은 현관의 신발도 차례로 놓은 일이 있었다.

아마도 이 아이는 임신 전후를 통하여 엄마가 학생들에게 가르친 살림 정돈하는 법, 상 차리는 법, 예절 등 모든 것을 태내에서 배운 것이 아닐까 하는 생각이 든다.

지금도 김 선생은 그 일을 계속하고 있다. 태중에서 있었던 일의 재연, 출생 후에도 같은 일이 반복될 때 아기는 영재적 소질로 잘할 수 있다는 태교강의에서 무언가 확실해짐을 느낀다고 했다.

쇼팽을 치는 두 살배기 아이

　서울 불광동에 사는 두 살배기 아이가 '쇼팽'을 친다고 소문이 났다. 영재인가, 천재인가 하여 우리는 달려가 보았다. 처음에는 믿어지지 않았으나 같이 가자고 권하는 분이 모 고등학교 교장을 정년퇴임하시고, 현재 영재교육을 하고 계신 분이므로 그분의 인격을 존중하여 같이 갔다.

　셋방살이를 하는 단출한 집이었으나 피아노 한 대가 놓여 있었다. 방문목적을 말하고 한번 실연(實演)해 보여 주도록 요청을 하니 처음에는 부끄러워했으나 곧 엄마가 아기를 안고 피아노 앞에 다가갔다. 귀여운 아기는 엄마 품에 안긴 채 고사리 같은 손가락으로 처음에는 도, 레, 미, 파를 쳐 보이더니 '쇼팽'을 치는데 제법이었다. 물론 피아니스트가 치는 것 같지는 않지만 그래도 제법 키를 맞추고 고저(高低) 장단도 맞추는데 정말 놀랐다.

　아기를 생각하여 얼마 후 멈추게 했다. 그리고 그 연유를 엄마에게 물었다. 영재교육을 하시는 정년퇴임하신 교장선생님은 엄마와 아빠의 나이, 학력, 집안 내력 등에 관하여 질문을 했고(그것은 인천에서 나온 김웅용 부모를 연상하는 듯했다), 나는 태교 관점에서 임신 중의 일을 질문했더니, 역시 이 엄마는 대학에서 음악(기악과)을 전공하다가 갑자기 파산된 집안형편 때문에 2학년을 중퇴하고 결혼을 했다는 이야기가 돌아왔다. 남편은 공무원인데 남편이 출근한 후 별로 할 일도 없어 피아노를 치고 싶다고 남편에게 피아노를 사 달라고 했으나 박봉인 남편은 엄두를 못 냈다. 그래서 할부로 사면 자기가 레슨을 하여 갚겠다고 여러 번을 조르다가 겨우 승낙을 얻었다. 할부로 피아노 한 대를 들여놓은 뒤 레슨을 한다고 대문에 써 붙이자 동네 아이들이 몰려들었다. 그녀는 아이들을 가르치며 쉬는 시간에는 자신이 치고 싶어 하던 '쇼팽'을 치곤 하였다.

여러 달이 지났다. 알고 보니 자신은 임신을 하고 있었다. 그러나 너무 무리가 되지 않을 정도로 하던 일을 계속했다. 어느 새 열 달이 되어 출산을 했는데 귀여운 딸이었다. 풍족하지 못한 살림이라 아기를 키우면서도 계속 레슨을 했다. 아기가 두 살이 되고 얼마 지나서였다. 하루는 아기에게 젖을 먹여 재워 놓고 피아노에 앉아 자신이 좋아하는 '쇼팽'을 한참 치다가 잘 안 되는 부분에서 손을 멈추고 뒤를 돌아보니 어쩐 일인지 아기가 눈을 말똥말똥 뜨고 뭘 듣고 있는 듯했다. 신기하게 생각된 엄마는 아기에게 다가가 "네가 '쇼팽'을 듣고 있었니?" 하며 아기를 부둥켜안고 뽀뽀를 하다가 피아노 건반 위에 아기 손을 얹고, "요게 도, 요게 레, 요게 미다" 하고 건반을 누르게 했다.

그 이후에도 엄마는 신들린 사람처럼 시간만 나면 아기 손을 건반 위에 갔다 댔다. 어느 때는 자기가 좋아하는 '쇼팽'도 가르쳤다. 어떤 목적에서라기보다 자신은 습관처럼 그렇게 했다는 것인데, 세월이 가다 보니 아기는 가르친 것을 곧잘 해내는 것이었다. 레슨을 받는 아이들의 입을 통해 소문이 나서 요즘에는 천재가 났다고 찾아오는 분들이 있다고 했다.

여기서 원인분석을 해보자. 학생 때 피아노를 전공한 부인이 임신 중에도 피아노를 열심히 쳤다. 출산 후에도 그랬다. 언젠가 젖을 먹이고 자는 줄만 알았던 아기가 자기 피아노 소리를 감상하는 듯한 착각에 아기에게 피아노를 가르치기 시작했는데 곧잘 하더라는 이야기의 줄거리에서, 이것이 바로 TV의 IC회로 연결과 같은 의미의 이야기가 아닌가 생각하게 한다.

태어날 때의 자질과 그것을 재현시켜준 엄마의 감각과 노력, 이런 것이 영재성의 발견이며 소질을 장려해준 노력의 결과이다. 영재교육은 바로 이런 데서 비롯된 것으로, 타고난 자질에 노력을 가하면 그렇지 않은 아기보다 빨리 익숙해지는 것이 아닌가 싶다. 혹시라도 걸맞은 재주에 돈을 들였다고 얻어지는 것이 아니라, 영재적 자질은 태교로부터 시작된다는 것을 염두에 두자.

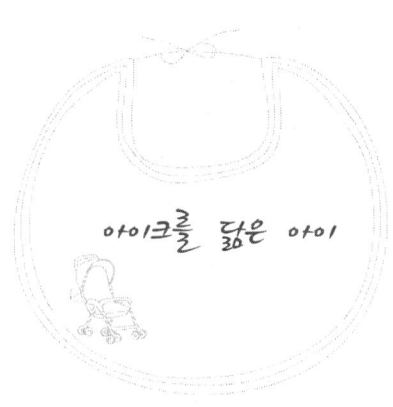

아이크를 닮은 아이

옥동 광산에서 근무하던 권 군(權 君)은 계수씨가 임신했다는 연락을 받고 서울에 왔던 길에 아우의 집을 찾았다. 오랜만에 가는 길이라 선물이라도 사야겠다고 생각했으나 마땅한 것이 없어 그냥 집 근처에까지 와서 차를 내리는데 마침 가게 안에 진열되어 있는 '아이젠하워' 대통령의 사진틀이 눈에 띄어 그것을 사 가지고 들어갔다.

1955년경 우리나라 도처에는 사진틀 가게마다 '아이젠하워' 대통령의 사진이 진열되어 있었다.

"어서 오세요, 아주버님!" 반기는 계수씨에게 "안녕하세요. 계수씨, 소식이 있다고요? 이런 아기 하나 낳으세요" 하고 사 가지고 온 사진틀을 내놓았다. 계수씨는 선물을 받자 곧 포장을 풀어 보곤 "어머나 이건 '아이젠하워' 대통령의 사진이 아니에요?"

그런 지 얼마가 지났다. 이번에는 옥동자를 분만했다는 소식이 있었다. 그러나 바쁘기도 하고 시간도 맞지 않아 가보지 못했는데 또 한 해가 지나 돌이 되었다는 연락이 왔다. 그래서 이번에는 특별히 시간을 내어 선물을 미리 준비하고 갔는데, 돌상 앞에 데려온 어린 조카를 보고 깜짝 놀랐다. 이 아이가 '아이젠하워' 대통령을 닮은 것이 아닌가! 자신도 모르게 "계수씨, 이놈이 아……" 하다가 문득 뇌리를 스치는 생각이 있었다. 만약 그렇다면 계수씨가 정신적인 간음이라도 했단 말인가? 아니 그럴 수는 없지, 하며 그만 "아, 그놈 잘생겼다!" 하고 말머리를 돌렸다.

요사이 태교에 관한 책을 읽다가 옛날 일이 생각이 나서 그때 이야기를 털어놓고 보니 그것은 정신적 간음이 아닌 훌륭한 태교였음을 알았다. 전통 태교에 보면 임신하면 성현의 글이나 그림 등을 벽에 걸어 놓고 감상하라는 대목이 있는데 이는 그 가르침을 실천한 것이 아닌가 생각된다. 여기서 덧붙인다면 꼭 성현의 그림이 아닌 자신이 존경하는 분이나 사랑하는 분의 사진이라도 좋다. 흠모하는 마음으로 그 사진을 바라보며 그분의 행적을 읽는다면 영향을 받게 된다는 것이다.

어리가 둔한 술(酒) 상무의 아들

태교강의를 하다 보니 재미있는 이야기를 가끔 듣게 된다. 지난봄, 경상도 5개 도시를 강의하면서 경주 어느 곳의 공장에서 약 500여 명의 근로여성을 대상으로 강의한 곳에서 있었던 이야기다.

상무라는 분의 영접을 받으며 기다리는 동안 받은 질문으로, 자신은 아들만 셋을 낳아 키우는데 그중 막내둥이인 셋째아들은 같은 자식인데도 머리가 모자라는지 공부가 형편없다는 것이다. 그뿐 아니라 기억력도 시원치 않아 걱정이라고 했다.

필자는 여러 가지 이야기를 하던 중 어느 때에 아기가 생겼느냐고 물었더니, 이 공장의 상무직으로 있을 때 생겼다고 했다. 남성의 태교로는 잉태 시 남성의 몸가짐, 마음가짐이 있고 또 잉태 후의 협조가 있다는 말과 함께 『KBS 여성백과』 3월호에 남성의 태교에 대한 글도 쓴 일이 있다고 하자 웃음을 터뜨리더니 문득 생각난 듯이 말하길, 두 놈은 군(軍)에 있을 때 생겼고, 막내는 이곳 공장에 와서 생겼는데, 그때는 술 상무 노릇으로 손님접대를 하느라 매일 고주망태가 되어 들어갔노라고 하며 그 영향도 있느냐고 물어왔다. 술을 마셔도 그냥 마시는 게 아니라 상대가 곯아떨어질 때까지 마셔야 했다니 알 만하다.

그래서 우리나라의 훌륭한 저서로 문화의 자랑인 『태교신기』의 가르침에 '일일지교'라는 것이 있고, 현대 과학이나 의학에서도 술이나 담배의 해독이 태아에게 미치는 영향을 임신부에게만 지적하고 있으나 이는 현재의 연구가 임신부에 대한 국한된 연구여서 그렇지 앞으로 남성문제가 연구되면 좀 더 확실하게 밝혀질 것이라는 이야기와, 우리 조상의 가르침에는 구자(求子)를 위해 합궁(合宮)할 때는 10여 일, 혹은 훨씬 전부터 절제하며 근신한다는 글이 지적되고 있다는 이야기를 하며, 술이나 외도도 여기에 속한다고 했더니 그분도 어렴풋이 느끼기는 했었지만 그런 책을 보지 못했는데 이제 확인이 됐다면서 앞으로는 백년대계를 위하여 자기 공장 남성들에게도 알려주겠다고 굳게 약속을 했다.

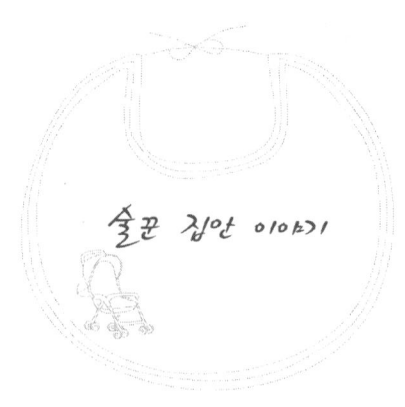

술꾼 집안 이야기

어느 부인이 자기 동네에서 있었던 웃지 못할 이야기를 했다.

그 집에는 아이가 다섯이나 있는데 이 아이들이 하나같이 온전치를 못하다는 것이다. 눈을 똑바로 뜨지 못한다거나, 눈동자가 늘 졸린 눈 등으로 다니는데 한마디로 말하면 어리벙벙하다고나 할까? 아이들이 빼빼 마른 데다 항상 비실비실 걸으며 옷도 제대로 입지 못하고 말도 명확하게 못 하는 데다 어느 때는 힘이 없어 제대로 뛰지도 못한다는 것이다. 동네 여인들이 손가락질을 하며 말하길, 저 집엔 무엇이 잘못돼도 단단히 잘못되었지 아이들이 하나같이 저럴 수가 있을까 하고 수군거리는데 자기가 생각하기에는 '그 아버지가 늘 술에 취해 들어오므로 고주망태가 된 상태에서 아이를 만들었을 테니…… 쯧쯧……' 하였다고 한다. 그렇지 않고서는 그 엄마를 봐서도 달리 생각할 수 없었다. 아이들의 행동이 마치 술 취한 상태의 형상과 그렇게도 닮을 수가 없다고 느꼈던 것이다.

요사이 신문이나 TV 방송에서 임부의 술, 담배가 태아에게 미치는 영향에 대하여 자주 거론되는 것을 보았고, 또 옛날 태교 이야기가 실린 글에서 보면 "아비는 낳고, 어미는 기르고, 스승은 가르친다"고 하며 이것이 다 같은 이치라고 했는데 남성도 교합 시의 책임이 있을 것 아닌가? 그렇다면 그때마다 늘 고주망태였으니 아이가 그 영향을 받지 않을 수 있겠는가? 이런 문제들을 모두 임신 중 엄마의 책임으로만 돌리고 있으니 같은 여성의 입장에서 억울하다고 안 할 수 없다며, 남성에게도 태교를 알게 하고 절제할 수 있게 태교를 더욱 확산시켜 달라는 부탁을 했다.

또 요사이는 문명의 발달과 더불어 과학적으로 입증할 수 있는 시대이므로 앞으로 결혼하게 될 미혼여성들은 미리 사전지식을 갖고, 잉태를 위한 방사(房事)는 남녀가 같이 정결하고 정성이 있는 교합으로 자기 2세를 위한 행위가 이루어졌으면 하는 마음 간절하다고 덧붙이기까지 했다. 더욱이 가정교육이나 사회교육에서도 이런 것을 꼭 해줬으면 한다며, 학교에서는 왜 이런 교육을 안 하는지 모르겠다고 푸념까지 하는 것을 보았다. 경험이 있는 사람에게는 매우 공감이 가는 이야기인데 요즈음 같은 핵가족시대, 성 개방시대에 더욱 필요한 이야기가 아닐지……

40세 불안정한 아빵

나이 지긋한 중년부인과 인사를 나누며 이쪽이 태교전문가라는 소개를 하자, 그 부인은 반색을 하면서 정말 태교가 얼마나 중요한가 하는 것을 자기만큼 절실히 느낀 사람이 또 있겠느냐면서 자신의 과거 이야기를 털어놓기 시작했다.

제2차 세계대전이 끝나갈 무렵, 1945년 8월 15일 광복을 몇 달 앞둔 때였다. 18세의 어린 나이로 결혼을 하고 남편을 따라 진해로 가살게 되었는데, 진해는 항구도시가 되어서인지 거의 매일 밤 폭격이 있어 정신을 차릴 수 없을 정도였다고 한다. 밤만 되면 언제 또 폭격이 있을지, 경보가 울릴지 모를 판국이라 늘 이불보따리를 싸 놓고 불안 속에서 서성거리며 잠도 제대로 잘 수 없는 나날이었다. 혹 앉아 졸고 있다가도 공습경보가 울리면 대피하여야 하고, 또 끝나면 다시 집으로 돌아오는 생활을 하루에도 몇 차례씩 겪는 때도 있었으니 하루하루를 불안과 공포, 초조 속에서 지낼 뿐이었다. 그 와중에서도 아기를 갖다니, 이제 생각하면 어처구니없는 일이 아닐 수 없다. 아무튼 달이 차서 낳은 첫아기는 옥동자여서 기쁨도 컸다. 8·15의 해방된 기쁨에다 아들을 낳은 기쁨으로 잔치가 연일 끊이지 않았다.

그런데 아기는 자라면서 이상한 행동을 보였다. 놀이방법이 이불 속에 숨는 장난이나 보따리만 보면 머리에 이는 행동 또는 얼굴을 가리는 장난을 좋아하고, 장난감에는 곧 싫증을 냈으며, 손에 잡히는 것은 무엇이든 던지는 습성을 보였다. 한마디로 안정성이 없어 보였으나 그래도 자라면 괜찮겠지 하며 크게 개의치는 않았다. 초등학교에 들어가 공부를 하게 되었을 때 선생님이 평하시길, 아이의 성격은 온순하나 항상 불안정하고 인내심이 없으며 싫증을 곧잘 내고 침착하지 못하다는 것이었다. 그래서 그때부터는 이거 보통 일이 아니구나 싶어 지금부터라도 성격 교정을 해주어야겠다고 마음먹었으나 보통 힘든 일이 아니었다.

그 부인의 설명에 의하면, 학생시절에는 학교에 가려고 가방을 메고도 방에서 빙빙 돌며 서성거리고 우물쭈물하다가 나갈 때는 누가 뒤쫓는지 급히 달려 나가곤 했으며, 커서는 나가다 말고 들어와 무엇을 찾는지 여기저기 뒤지기가 일쑤요, 또 들었다 놨다 하면서 자신을 당황하게 했다는 것이다. 그 후 자라면서 조금은 나아진 것 같지만 아직도 그 버릇이 남아 있어 뭔가 불안하고 초조해하는 모습이란다.

이젠 결혼하여 아범이 됐는데도 가끔 그 버릇이 나와 아이들이 "아빠, 왜 그래요? 무엇을 찾으세요?" 하고 물을 정도다. 손에 들고도 찾는 일이 다반사요, 퇴근해 들어와서도 옷을 벗지 않고 서성거리는 일은 보통이다. 애들하고 장난을 할 때도 책상 밑으로 기어들어가 숨는 일을 곧잘 하며 이부자리를 내려놓고는 덮어쓰는 시늉을 하질 않나 문밖을 나갔다 들어왔다 하는 모습은 어린애도 아니고 보는 이의 이

맛살을 찡그리게 한다. 이걸 보면 자신이 임신 중에 폭격으로 인해 항상 불안하고 초조하게 지낸 일들이 이 지경을 만든 이유라고 탄식하며 자신은 태교의 중요성을 뼈저리게 느낀다고 술회하는 것을 보았다.

올 A+ 학점을 딴 학생

사회교육을 열심히 하는 분으로 충청도 명문인 광산 김씨의 종가 격인 어느 분의 딸 이야기이다.

그분은 예절교육을 하시느라 고생이 막급이다. 사회를 위해서는 혼신의 정성을 다하고 있으나 집안일에 대하여는 등한시하여 아주 가정생활 문제는 안사람에게 일임해 놓고 밥이 끓는지, 죽이 끓는지 상관조차 하지 않았다. 반면 1985년에는 MBC에서 그분의 행실을 높이 사 시민문화상까지 수여했으니 사회에는 공을 많이 쌓았다 해도 과언이 아니다. 그리고 그분의 딸이 학창시절에는 늘 수석을 해서 학비는 걱정이 없었으며, 현재 모 대학 3학년인데 성적이 올 A+라서 학교에서도 놀란다고 한다.

그래서 하루는 무슨 원인 같은 것이라도 있을까 하여 질문을 했더니, 자기네는 종교도 조상교라 하리만치 가문을 중히 여기며 산다는 것이다. 현대 사회에는 좀 격이 맞지 않는 이야기 같으나 자식들을 키우는 데 있어서 이 점을 빠뜨려 본 일이 없다고 한다. 그래서 임신 중에는 어떠했느냐는 질문을 했더니, 꼭 태교라고 할 수는 없지만 역시 태교의 가르침과 같은 조상의 가르침을 중히 받들어 정신적으로나 심리적으로도 임신 중엔 파리 한 마리, 모기 한 마리 죽인 일이 없었다고 한다. 어느 때는 길에 가다가도 시골 주막 같은 곳에 벗어 놓은 고무신이 엎어져 있으면 가서 바로잡아 놓고 지나가곤 했는데, 한 번은 고무신 도둑으로 몰릴 뻔한 일도 있었다 한다.

시골인데 모기, 파리가 없었느냐고 물었더니 모기, 파리는 많으나 잡지 않고 날려 보냈다니 그 정성 알 만했다. 살생도 나쁘려니와 '딱' 하고 소리 내어 죽이는 것은 임부에게 좋지 않은 소리로 들릴 테니 날려 보내는 수밖에 다른 방법이 없지 않느냐며, 지금은 약이 있어 편하기는 하겠지만 죽이는 것을 보이지 않는 것이 더 현명한 처사일 거라고 덧붙였다. 그렇게 정성 들여 키운 것밖엔 별다른 노력을 기울인 것은 없고 좋은 식사, 좋은 약을 먹인 일은 물론 없다고 한다. 요새 사람들은 영재교육을 한다고 돈 싸 짊어지고 치맛바람 날리는 것을 보는데, 과연 그런 것이 방법이 되겠느냐는 반문이다.

자기는 자랑이라면 부인이 임신 중에 씨앗도 본 일이 없다는 것인데, 이는 부인에게 정신적으로 상처를 입힐까 해서 피한 것이고, 아기가 출생하자 즉시 사지나 육신이 멀쩡한가를 살폈고, 7일째 되는 날에는 소리를 듣는가를 확인했다는 것인데, 방법은 시계를 가지고 아기 귓가에 대면 아기가 고개를 돌린다고 한다. 이런 것들은 정신적으로나 심리적으로 아기에게 정성을 쏟은 것이지 영재아를 만든답시고 바이올린이나 기타를 억지로 배우게 하는 것과는 매우 다른 것이다. 아이를 키우는 데 있어서 지도의 특성이 무엇이었냐고 묻자, 그저 긍지를 심어준 것뿐이지 다른 것은 없다고 하며, 조상이나 가문의 훌륭한 점을 가르쳐주는 것이 그중 한 방법이 되지 않겠냐고 덧붙인다.

훌륭한 태교는 바른 정신자세로부터 온다고나 할까? 그래서 "태교는 정성이다"라고 할 수 있다. "지성이면 감천이다"란 말이 있듯이 태교는 훌륭한 손을 보고자 하는 사람들이 할 수 있는 정성이라고 할 수 있다. 먹고 싶은 것이 있으되 옳지 않으면 참는 것이다. 예로부터 태교의 글에는 '삼갈 근' 자를 많이 썼다. 이것이 우리 전통 태교의 중요한 골간이며 정신문화의 특성이다. 그래서 우리 민족성이나 가족제도는 선진국 사람들의 관심의 대상이 되며 본받고자 하는 습성 미풍양속인가 보다.

비만아 일종의 기형

어느 날 잘 아는 친구가 하는 소아과에 들렀다. 친구와 잠시 이야기를 나누는 중인데, 한 어린이가 엄마 손을 잡고 들어왔다. 어린이는 환자로 볼 수 없는 건강한 신체에 잘생긴 아이였다. 나는 문득 "아! 그놈 참 잘생겼다. 몇 학년이냐?" 하고 칭찬을 했다. 중학교 2~3학년 쯤 되어 보였다. 그런데 "초등학교 4학년이에요" 하고 대답하는 것이 아닌가! 깜짝 놀라서 그럴 수가 있나 하고 바라보고 있는데, 닥터는 벌써 다 알았다는 듯이 엄마에게 어린이를 내보내도록 했다. 무슨 일일까 나는 몹시 궁금해졌다.

닥터는 엄마에게 물을 것도 없이 "왜 아이를 저렇게 키웠어요?" 하고 말하니, 엄마는 놀라는 듯하다가 "글쎄, 먹는 것만 찾잖아요……" 하며 무언가 수긍하는 듯했다. 나는 그들의 문답에 흥미가 갔다. "그저 도리 없어요. 굶기는 수밖에……" 하는 닥터의 말에 엄마는 소스라치게 놀라며 "굶기다니요?" 단 한 시간도 못 참고 냉장고다, 과자상자다 할 것 없이 뒤지다가 먹을 것이 눈에 보이지 않으면 야단이 난다는 것이다. 그러자 닥터가 "그럼 할 수 없지. 병신을 만드는 수밖에……" 하니 엄마는 눈물을 글썽이며 방법을 가르쳐 달란다. 다시 닥터가 "다른 방법은 없어요. 한 끼에 밥 한 공기와 고기 요만한(숟가락만 한) 조각으로부터 시작하여 차츰 줄여야지" 하니, 엄마는 자기가 죽으면 죽었지 먹는 것을 줄이도록 하는 것은 차마 눈뜨고 못할 짓이라 하며, 무슨 약이나 외국의 특수식품 같은 게 없느냐고 물었다. 닥터는 "중요한 것은 빠뜨리고 그런 것에만 의존하려 하니 그 후에 생기는 문제는 어찌하려고 그러느냐?" 하며 어린이 건강을 일시적 효과에 의존하려는 것은 잘못된 일이라고 설명하는 것을 보았다.

후에 안 일이지만 그 나이의 뼈에 알맞은 살(근육)이 있어야 하는데 너무 살이 많아 밸런스가 안 맞는 비만아라는 것이다(뼈와 살의 언밸런스). 체구가 크고 잘생긴 것이 아니라 균형을 잃은 비만아이므로 이것도 기형아에 속한다는 것인데, 임신 중 잘못 섭취한 과영양식에서 발생하는 일로 이것이 제왕절개의 원인이기도 하다. 임신부들은 너무 먹는 것에만 신경을 쓰지 말고 아기를 훌륭히 만드는 데에 신경을 썼으면 싶다. 체력 향상을 위해 식사 패턴이 달라지기는 했으나 그렇다고 동양 사람이 서양 사람이 될 수는 없고 서양 사람이 동양 사람보다 훌륭하다는 증거는 없다. 이제 자신을 돌이켜보는 시간을 만들자. 언제부터 시작됐는지 모르지만 서양을 다녀와서 서구식 방법이 잘못 먹으면 일면이라 생각되며 소화 못한 음식이 체한 현상과 같다. 영양가를 올리고 칼로리를 따지는 식생활 개선과 맹목적으로 잘만 먹으면 되는 줄 아는 잘못된 인식은 그 차이가 크다. 모쪼록 아기는 "작게 낳아 크게 키워야 한다"는 동양 철학을 잊지 말고 필요한 만큼의 영양분을 공급하는 지혜를 갖기 바란다. 우리 할머님들은 "보리밥 먹고 미숙아 난 일도 없다"라고 하신다.

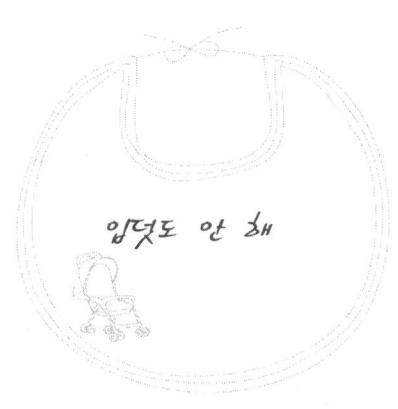

입덧도 안 해

우리 아기는 임신 중인데 입덧도 안 한다고 자랑이다.

"무슨 좋은 약이라도 먹이셨습니까?"

"천만에요. 임신부에게 약이라니요? 약은 일절 입에 대지도 않습니다."

"아, 그렇습니까. 그런데 어찌 그리도 용하게 서지요? 그것도 큰 복이십니다. 우리 아기는 어찌나 심하게 서는지 제 남편, 시부모, 친정어머니까지 야단입니다."

"그러세요!"

"뭐 좋은 방법이라도 있습니까?"

"글쎄요, 저도 자세히는 모르지만 태교를 열심히 하는 때문이라고나 할까요."

"네, 태교요?"

"네, 우리 아기는 임신 전부터 태교 책을 열심히 읽는 것을 봤는데, 요사이는 정서적인 생활을 한다고 집안을 항상 조용하게 합니다. 먹는 것도 별로 가려 먹지 않고, 뭐 또 먹고 싶은 것이 있으면 제 남편이 사다주나 봐요. 정원도 며느리가 가꾼답니다. 요새 아이들이 여간 아녜요."

이상은 어느 모임에 온 두 시어머니가 주고받는 이야기 줄거리의 한 토막인데 매우 대조적이다. 이것은 한 부분의 비유지만 알고 보면 많은 이야기 중 이와 비슷한 예가 많다.

입덧을 심하게 하는 사람 중 성격이 온화한 사람은 그리 많지 않다. 다시 말해서 성격이 급하거나 까다로운 사람 중 입덧을 심하게 하지 않는 사람도 드물다. 식성도 마찬가지다. 그래서 태어난 아기 중 된장찌개를 못 먹는다거나 고기를 싫어하는 아이들은 그 원인을 찾아보면 보통 그 아이를 임신했을 때 엄마의 섭생을 알아보면 간단하다. 어떤 경우이건 임신 중에는 맛있게 먹는 방법을 찾는 것이 중요하다. 공연히 싫은 음식을 좋은 거라고 억지로 먹거나 냄새 맡는 것은 후에 아기가 음식을 가리게 되는 원인으로 현명치 못한 일이다. 그러므로 자신이 좋아하는 것과 싫어하는 것을 미리 알고 좋은 쪽으로만 유도하는 것은 다름 아닌 태교의 지혜에서 찾을 수 있다.

을 읽는 노력을 한다고 알려지고 있다. '주이시 마더(Jewish mother)'들이 임신하면 열심히 탈무드를 읽는다는 이야기도 바로 이런 점에서일 것이다. 정선된 지혜, 오랜 전통을 지켜온 이런 글이 좋은 영향을줄 수 있을 것이다.

요즈음 잡지에 소개되는 쇼킹한 소식들은 그런 것 같아 보이지만설탕 같아 실은 소금의 역할만도 못한 것이 대부분이다. 태중에 중요한 것은 매사에 느긋한 자세로 임하며 놀라거나 격하지 않는 마음,일은 순리대로 풀려고 하는 태도 등에서 훌륭한 기질이 길러지는 것으로 우리 선조들도 이런 점을 소중히 다루었던 것을 기억한다.

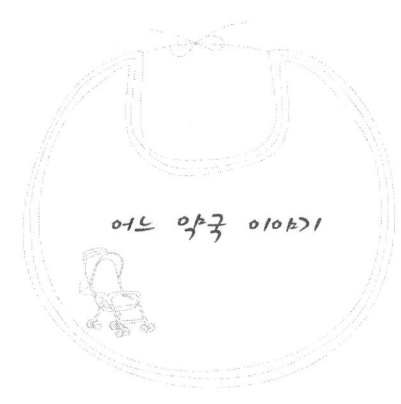

어느 약국 이야기

종로에서 약국을 경영하는 분을 만났다. 그분은 약국을 경영한 지 10년이 넘었는데 요즘은 고객이 너무 많아 눈코 뜰 새 없이 바쁘다며 즐거운 비명이라고 했다. 무슨 비결이라도 있느냐는 나의 질문에 자신은 약을 지어줄 때 환자의 병을 물어볼 뿐만 아니라 인상과 혈색 그리고 직업으로부터 성격, 바쁜 정도, 부부간의 분위기 등도 서슴지 않고 묻는다는 것이다.

실제 약으로 치료되는 부분은 20~30%밖에 되지 않으며, 많아야 40~50%이므로 원인을 정확히 알지 못하고 그에 합당한 치료방법이 발견되지 않으면 약으로만은 완치가 불가능하다고 한다. 처음 온 손님은 물끄러미 쳐다보며 "별 여자 다 보겠네!" 하는 눈치지만 이런 것들을 왜 묻는지에 대해 자세한 설명을 해주면 곧 수긍을 하며, 그렇게 지어 간 약의 효과는 100% 적중하고, 그 손님은 아주 절친한 고객이 되어 어려울 때나 아플 때 늘 찾아주는 사이가 된다는 것이다. 사실 병의 70~80%는 정신력으로 치유된다는 학설은 다 아는 것이지만 사람들은 늘 잊고 산다고 설명하며 인간교육에 대해서도 이야기하였다.

자녀교육, 영재교육은 사실 알고 보면 인간의 바탕이 형성되는 태중에서 잘 만들어져야 하는데, 돈벌이에 신경을 너무 쓰다 보니 낳은 자녀는 별 볼 일 없이 낳아 놓고 억지로 특수교육을 시킨다고 해봐야 그것이 성공하지 못한다 하며, 몸에 좋은 것이라면 마구 사 먹으며 정성 들인 음식 하나 만들지 못하면서 자녀를 올바로 키우겠느냐는 것이다.

자신은 태교의 중요성을 알고 결혼했기 때문에 첫날밤을 지낼 때도 참으로 정신적, 신체적으로 안정된 상태인가와 주위환경은 만족한가를 찾느라 노력했으며, 임신 초에도 태아에게 좋은 영향을 주기 위해 보는 것, 먹는 것, 언행 등에 주의를 게을리하지 않았다고 한다. 그래서인지 몰라도 출산 후의 육아에선 그리 큰 신경을 쓰지 않아도 큰 잘못 없이 남부럽지 않게 잘 키우고 있다는 것이다. 할 공부도 제가 알아서 잘하고, 몸도 별 탈 없이 건강하며, 학교에서도 늘 칭찬받을 정도는 된다고 겸손해하면서도 자신에 차 있었다.

원래 인간은 음양의 이치 속에서 생성하고 그 순환의 법칙에 따라 발전한다. 온갖 환경의 영향을 받아 좋은 것, 나쁜 것이 같이 우리에게 접근한다. 그러므로 그것을 받아들일 것과 버릴 것을 스스로 선별하여 소화하며, 그로서 자신이 성장하고 존재하는 것이다. 후천적 교육이 여기에 크게 작용하나 원천적으로 그런 성품이 되어 있어야 한다. 그런데 이런 것을 잊고 과학적 무엇 무엇하는 식의 사고는 고쳐져야 할 시대에 온 것 같다고 말한다. 자신은 약방을 하고 있으나 약성분이나 배합비율보다는 그 사람의 실제 상태와 병이 발생된 동기에 주력하는데, 그 이유는 그렇게 해야 치료도 틀림없고 고객들도 줄을 잇는다는 이야기였다.

식물에게는 환경이 필요하듯이 사람에게도 필요한 환경이 있는데, 첫째는 편안한 것이요, 둘째는 고독하지 않는 것, 셋째는 피곤하지 않는 것으로 이것이 다 마음에서 우러나는 것이나 좋은 건강을 위하여 이 근본이 잘 되어 있으면 따로 걱정할 것이 없으나, 좋은 마음의 환경을 갖고 있지 못한 사람에게는 온갖 병마가 침입할 기회를 노린다는 것이다. 세균성이나 바이러스성 질병이 따로 있기도 하나 그런 것을 제외하고는 거의가 마음에서 오는 것이므로 마음을 가다듬고 가라앉히고 안정시키는 일은 모든 병의 예방적 조치로 건강의 제1조라고 한다. 성장하여 사회생활을 하는 사람에게는 크게 우려하지 않아도 된다손 치더라도 결혼을 앞둔 사람이나, 임신을 기다리는 사람 또는 임신한 사람에게는 소홀히 할 수 없는 중요한 것이 태교라 생각한다고 조용히 말한다.

제2장

미혼여성의 태교

태어나서는 이미 늦다

현대 여성의 영재교육에 대한 갈망은 대단하다. 특히 아기를 출산하고 재롱을 부리기 시작하면 그 방법을 찾기에 온갖 노력을 기울인다. 그런데 문제는 그 아기에게 그런 자질(資質)이 있느냐, 태중에 있을 때는 어떠했느냐가 문제이다.

『종의 기원』에서 「진화론」을 쓴 '다윈'은 생후 3개월 된 아기를 훌륭하게 지도해 달라고 데리고 온 한 엄마에게 "이미 늦었습니다" 하고 말했다. 이게 무슨 뜻이었을까?

출생된 아기는 이미 어떤 형태로든 매듭지어져 태어난다. 때문에 그 아기가 받을 수 있는 교육은 일반적으로 엄마에게서 받은 영향에 바탕을 둔다는 뜻이다. 만약 엄마에게 좋은 뜻이 있었다면 그는 이미 태내에 있을 때 이를 시도했어야 옳다. 얼마 전까지만 해도 교육이란 '요람에서 무덤까지'라고 해왔다. 그러나 요즈음에는 '태내에서 무덤까지'라고 말이 바뀌어가고 있다. 문제아를 낳아 놓고서 영재교육을 위해 어렸을 때부터 특수교육을 한다고 야단스러운 것은 깊이 생각해보면 모두 소용없는 일이듯이, 태내에서 어느 정도의 자질이 형성되어 나오지 않고는 영재교육도 무의미하다는 이야기다.

1981년도 노벨상을 수상한 '스페리' 박사가 「대뇌피질에 관한 연구」를 발표한 이래 뇌의 발달을 연구하는 많은 학자들의 연구결과에 의하면, 인간의 뇌는 80%가 태내에서 형성되며 대뇌(大腦)와 우뇌(右腦)의 역할이 다르므로 국어, 철학 등 사색을 하는 학문을 원하면 우뇌 발달을, 수학, 과학 등 셈을 요하는 학문을 원하면 좌뇌(左腦) 발달을 시켜야 하는데, 이도 할 수만 있다면 태내에 있을 때 하는 것이 최선의 방법이라고 한다.

물론 그 자체가 영재교육이라고는 할 수 없지만, 태내에 있을 때 하는 것이 영재의 자질을 만드는 것이라 하니 새겨봄 직하다. 태아의 사고(思考)는 3~4개월부터 활동하고, 5~6개월부터 기억이 가능하고, 7~8개월부터 의식(意識)이 시작된다고 '퍼플러' 교수는 말하며, 태아는 2개월부터 신체언어를 사용하고, 4개월이 되면 좋고, 나쁜 것을 얼굴로 표현하며, 6개월이 되면 모체의 심음(心音)에 귀를 기울인다고 한다. 이렇듯 중요한 자질이 태내에서 형성되는데 이를 모르고 소홀히 하다가 출생 후에 부랴부랴 서둘러 봤자 어렵다는 뜻이 아닌가?

요즘 여성들은 태교에 많은 관심을 기울인다. 그러나 실제에 있어서는 임신 후가 아닌 임신 전의 지식을 익혀두는 것부터가 중요하다. 가령 에이즈(AIDS)를 가진 사람이 모르고 임신했다가 임신 중 태교를 잘했다고 그 아기가 에이즈 아닌 아기로 태어날 수 없듯 훌륭한 임신은 미혼 때부터 태교에 접근하는 것이 중요하다.

"임신하면 이미 늦다." 태교의 첫 단계로 규수교육, 신부수업의 핵은 미혼으로부터라고 생각한다. 그런데 이것도 이미 늦다고 한다. 성 개방이 문란으로 치닫고 숫처녀는 '희귀동물', 숫총각은 '멸종동물'이라는 중학생들의 은어가 생길 정도로 변천한 시대에서 "언제 임신한 이야기를 하느냐. 망가지고 잘못한 일은 벌써 그 이전인데" 하며, "정말로 훌륭한 인간을 바라거든 임신 그 자체가 잘된 임신이어야지 그렇지 않고는 어렵지 않겠느냐"라고 걱정하는 사람들이 늘고 있다. 옳은 임신을 위해서 미리미리 준비하는 자세가 긴요하다. 태어나서가 아니라 임신하면 이미 늦을 것을 알아두자.

태교는 발생학(發生學)

요즘은 태교의 의미도 변했다. 과거에는 결혼 후 임신하고 나서 하던 걸로 인식되었으나 미혼 때 미리 알아둘 지혜로 요구된다. 그것은 폐쇄된 사회가 개방되자 성(性)도 개방되었기 때문이다.

얼마 전까지만 해도 혼전의 남녀 교합(성교)은 버린 자식이라 하였으나 이제는 많은 젊은이들의 혼전 경험이란 통계가 지상에 보도되고 있다. 좋은 발전이라고 말할 수는 없지만 시대의 변화를 막을 수도 없는 것이다. 예방의학의 입장에서도 그러하려니와 잘못 태어난 아기들의 통계를 보면 더욱 절실하게 느껴진다. 그것은 인간의 발생이 잘못 처신한 상태에서는 잘 될 수 없으며, 잘못된 책임을 대신 져 줄 사람은 아무도 없기 때문이다. 이는 오직 자신의 일로서 훌륭한 자신의 분신을 원한다면 잘못됐던 일은 깨끗이 정리한 후가 아니면 바랄 수가 없다. 그래서 월경을 시작한 여성들에게 성교육을 더욱 확산시켜 발생, 즉 잉태의 문제를 첨가하는 것이 보다 확실한 지식이 되므로 태교는 발생학으로 보아야 한다.

태교는 글자가 표현하고 있듯이 잉태교육으로 어떻게 하면 훌륭한 임신을 할 수 있을까 하는 것을 알아두는 것이며, 이것을 미리 배워 준비하게끔 하는 교육이다. 그러므로 태아가 생긴 후 태아를 훌륭히, 그리고 내적·외적의 나쁜 영향으로부터 피하고 오직 좋은 영향으로 자라게 하는 임신부의 태중 교육은 그다음이 된다고 할 수 있다.

태교(胎敎)를 글자 그대로 풀이해보면 태(胎) 자는 따로 떼어 달 월 (月) 자와 별 태(台) 자로 구분되는데, 달과 별이 한데 합쳐 잉태할 태 (胎) 자가 된다. 밤하늘을 쳐다보며 달빛 속에서 자기 별을 찾으며 "별 하나 나 하나" 하고 별과 자기와의 인연을 맺듯이 "저 별은 나의 별" 하고 자기 별을 기억하듯이 태는 줄로 하나의 생명이 생긴 연결의 의 미를 표시하고 있음을 본다. 교(敎) 자는 효도 효(孝) 자에 글월 문(文) 자, 혹은 아비 부(父) 자로 효도하는 글, 즉 아비에게 효도하는 방법을 가르치는 것이라 풀이한다. 효도란 모든 예절의 근본이 되는 것으로 동방예의지국이라 일컫던 우리 민족의 자랑이다. 아무리 시대가 변하 고 핵가족시대라 하더라도 부모자식 간에 이것을 빼면 무엇이 남겠 는가? 효도 있는 삶과 그것이 없는 삶을 생각할 때 우리는 가치 있는 삶을 사는 민족임에는 틀림없다.

이뿐만 아니라 벌써 2천 년이 넘는 중국의 춘추전국시대의 공자도 우리나라를 군자의 나라, 예를 숭상하는 나라라고 하지 않았던가? 이 모두가 근거 있음을 되새겨 세계인들이 오고 싶어 하는 나라가 되게 하고 만나고 싶어 하는 한국인이 되게 하기 위하여 옷깃을 여미는 인 간이 되도록 노력하자.

태교는 신혼부터

일반적으로 태교는 임신 중에 하는 교육으로 생각하고 있으나 현
대는 이것을 좀 더 세분화하여 미혼, 신혼, 임신, 출산육아의 태교 그
리고 미혼여성의 규수교육으로의 태교로 나누어 모두 다섯으로 구분
한다. 임신 중의 태교는 전적으로 임신한 여성이 지켜야 할 실천 요
강에 속하며 남편이나 주위의 사람들은 조리를 잘하도록 도와주는
협조의 태교이고, 그보다 앞선 발생의 동기인 남녀 교합 시에 중요한
남성의 태교가 있다. 다른 말로는 잉태의 태교라고도 한다.

구슬도 꿰어야 보배라고 아무리 좋은 것이라도 시대에 맞지 않으
면 외면당하기 마련이다. 현대의 개방시대에 사는 사춘기를 지난 여
성, 결혼을 앞둔 여성에게 규수교육으로의 태교가 요구된다. 이것이
미혼여성이 미리 알아두어야 할 지식으로서의 태교인 것이다.

『태교신기』에도 "태기름을 배운 후에 남편을 맞이해야, 즉 시집감
이 마땅하다"는 구절이 있듯이, 핵가족시대에 사는 젊은이들에게 결
혼 이전의 태교는 하나의 예비부모교육으로 매우 바람직한 것이다.

또한 이미 사춘기를 지난 학생들에게도 성교육과 더불어 생명의 발생과 연관된 교육이 필요함을 느낀다. 이렇듯 태교는 그 시기가 빨라지고 있다. 사회의 문제를 해결하고, 자신의 행복을 설계하도록 하는 동시에 백년대계를 위한 노력으로 훌륭한 2세 탄생을 위한 교육으로서 그 필요를 절감케 한다.

존경받는 어머니로서의 학문 혹은 자신을 행복하게 하는 행복학이라고도 말할 수 있는 태교는 미혼여성으로부터 시작되어야 한다. 그러므로 태교는 임신 후의 태아학 측면에서도 중요하지만 보다 앞선 발생학 측면에서 다루는 것이 원천적으로 중요하다. 잘못된 이후의 수정이 어렵듯이 미리 알아 잘못이 없도록 유도하는 것이 바람직하다. 실제로 직장의 미혼여성이나 졸업반의 여고생들에게 강의를 해보니 그 의미가 더욱 확실해졌다. 그들은 늘 새로운 지식에 흥미가 있다. 특히 인체에 대한 것과 베일 속에 숨겨진 성 문제 그리고 오묘한 발생문제는 신비해하면서도 밝히기를 꺼려온 것들로서, 그들은 그런 문제들에 흥미를 느끼고 기회만 있으면 또 아무 탈이 없다면 경험해보고 싶은 충동을 일으키게 하는 요소들이었다. 더군다나 서구의 문물이 홍수처럼 밀려들어와 가치기준을 다르게 하는 시대에 오니 생활관습이 변하고 문명의 이기는 판단력을 혼란 속에 빠뜨렸다.

돌이켜보면 우리는 문화민족으로 생육(生育)교육에 훌륭한 전통을 가지고 있다. 오랫동안 외국의 압제를 받아왔음에도 불구하고 이어져 내려온 우리의 문화가 과연 그들에게 어떤 모습으로 비칠지는 모르겠지만 우리가 지켜온 우리의 민속이 그들이 보고 싶어 할 우리의 모습이라고 생각할 때 우리는 자랑할 것을 지니고 있어야 할 것이다.

이런 관점에서 볼 때, 태교는 우리의 자랑거리 중 하나로 꼽을 수 있다. 문화말살 정책에서도 구전되어 내려온 태교, 이것은 단군시대의 홍익인간, 인본주의로부터 전해져 내려온 우리의 자랑거리다. 그간 많은 변천과 발전을 거듭하면서 그 맥을 유지하며 지켜져 내려온 우리의 태교는 과학을 앞지른 훌륭한 인간교육, 발생교육, 태아교육으로 지금 한창 과학, 의학, 식품영양학, 예방의학, 모자보건학 등에서 다루고 있는 제반문제를 몇천 년 전부터 알고 닦아온 가르침, 혹은 지침서로서 내놓을 만한 자랑거리임을 밝히고 싶다.

모든 인간은 어머니로부터 태어났다. 그것도 훌륭한 어머니의 가르침이나 보살핌으로 훌륭히 될 자질을 갖고 태어났다. 태어나기 전에는 태교로서, 또 태어난 후는 교육으로 그 인간은 장래 훌륭히 될 자격을 갖추며 자란 것이다. 자라는 시절에는 몰랐지만 어떤 성취를 하고 난 후에 과거를 회상한 현인들의 글을 보면 구절구절에 어머니의 흔적이 담겨져 있음을 볼 수 있다. 이런 훌륭한 어머니의 모습은 아기가 태어난 후부터가 아닌 태어나기 전부터 시작되었음을 알 수 있고, 그런 여성은 그 이전부터 그런 자질을 갖고 있었을 것으로 여겨지며, 모든 여성의 흠모의 대상으로 떠오른다. 어머니는 소우주를 잉태할 수 있는 능력을 갖고 있다. 이 능력을 어떻게 행사할 것이냐 하는 것은 각자 여성의 자유에 속하며 오직 복 받는 여성이 되게 하기 위한 지도가 있을 뿐이다.

나는 여기서 그들이 몰랐다거나 혹 실수하여 이런 자격에 손상이 되지 않게 하기 위한 예비지식 전달밖에는 할 수 없다. 태교를 깊숙이 연구하다 보니 그런 것을 느꼈고, 그것을 알고 나니 전달하고 싶어졌을 뿐이다. 이제 태교가 얼마만큼 과학적이냐 하는 것은 그 한계를 넘어섰다. 언제부터 어떻게 하는 것이 잘하는 것이냐 하는 문제만

이 남아 있을 뿐이다. 3태도를 하건 7태도를 하건 그것은 임부의 마음에 달린 문제이고 다만 이것을 알고 실천하려고 생각하는 사람은 미혼 때부터라는 것을 명백히 하고 싶을 뿐이다.

내가 바라는 나의 아기는? 인간다운 인간, 모든 일에 도달할 수 있는 건강한 인간, 국제적 경쟁시대에서 성취할 수 있는 영특한 인간상을 연상하고 자신이 할 수 있는 일이 어디까지인지는 각자의 노력 여하에 달려 있다. 오직 할 수 있는 능력의 소유자임에 근거하여 그 능력을 최대한 발휘하며 바로 알아 간직하고 삼가는 것, 이것이 첫째로 알아두어야 할 미혼여성의 태교지식이라 생각한다.

사랑의 바탕은 태내에서

사람의 바탕이란 일견 풍모와 체질을 말하나, 표현을 달리하여 생김새나 모양 혹은 색깔을 의미하는 수가 있다. 그러나 여기서 말하고자 하는 바탕은 내재적인 것으로 이것을 구분하여 풀이하면 성품, 기질, 두뇌, 건강, 재능의 다섯 가지로 나눌 수 있다.

첫째로 성품이란 천품 혹은 부모에게서 물려받은 성격으로 인식되는 유전적인 것에 태내의 영향을 합친 것이다. 성품은 사람의 바탕 중에서 가장 중요한 것으로 사람이 훌륭하다 안 하다는 이것으로 알게 된다.

둘째로 기질이란 것이 있는데, 이는 완전히 엄마가 만들어주는 것으로 성장과정 혹은 사회에 나와서 어떤 일에 부딪쳤을 때 극복해 가는 성격으로, 성공하고 실패하는 데 중요한 역할을 한다. 이것은 인내, 끈기라는 말과 일맥상통한다. 성공한 사람의 특성을 말할 때 이 기질을 제일로 꼽고 있다.

셋째는 두뇌인데, 이는 경쟁시대, 국제지향시대에서 뛰어난 두뇌의 소유자가 아니고는 사회에서 탈락됨은 누구나 잘 아는 사실로 매우 중요하다. 뇌에는 160억 개의 뇌세포가 있고, 그 세포 하나하나 속에 천 개의 '시너프'가 있는데 그 수가 많아야 영재가 된다는 것이다. 뇌세포의 80%가 태내에서 형성될 때 음악, 사색, 책 읽기, 간단한 문제풀이 등 두뇌발달에 좋은 영향을 주도록 하는 것이다.

넷째로 건강인데, 뭐니 뭐니 해도 튼튼한 체력이 아니고는 안 된다. 튼튼하단 말은 균형 잡힌 것으로 뚱뚱하다거나 크다는 것과는 다르다. 어떤 일에 임하거나 어려움에 빠졌을 때 이 건강의 뒷받침이 없이는 지탱할 수 없는 것이다.

다섯째로 재능인데, 얼마 전까지만 해도 재능은 부모를 닮는다고 했지만 요즈음엔 새로운 발표로 재능도 태내의 영향이라는 연구결과가 나왔다.

이렇게 중요한 것들이 모두 태내에서 형성된다. 물론 태어나서 변하는 것도 있으나 원천적으로 태내에서 형성이 되니 그때에 잘 타고 나야 하는 것이므로 태교는 중요한 밑거름인 것이다.

아기는 '타부라 라사'라고 아무것도 쓰이지 않은 흑판이나 하얀 종이와 같다. 여기에 태내에서 받은 영향, 즉 엄마가 보고, 듣고, 먹고, 마시고, 생각하고 느낀 일체와 언행이 그대로 영향을 미쳐 마치 카메라의 렌즈가 본 것을 필름에 그대로 찍어내듯 바탕이 잘 형성된 자질을 타고 나와야 훌륭한 사람이 될 수 있는 것이다. 태어난 후의 육아나 학교교육이 있으나 태어날 때 훌륭하게 태어나야지 그렇지 못하면 그 후에도 매우 어렵다. 선천적인 천치 바보는 후천적 노력으로 힘들다는 말이다. 그래서 바탕이 형성되는 시기를 중요시하게 된다.

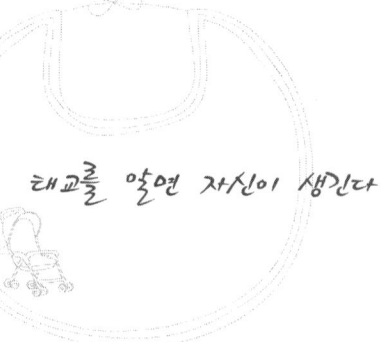

태교를 알면 자신이 생긴다

　요즈음 젊은 여성들은 임신을 하게 되면 대개 세 가지 불안에 빠진다고 한다.

　첫째, 기형아는 아닌지에 대한 불안, 둘째, 입덧과 출산의 고통에 대한 불안, 셋째, 남아인지 여아인지에 대한 불안 등…….

　이 밖에도 여러 가지 불안에 빠진다는 것이다.

　그러나 태교를 제대로 하고 있는 사람이라면 이런 불안들은 애초부터 불필요한 것에 속한다. 마음속으로는 아기를 훌륭히 낳고자 하면서도 온갖 불안을 안고 있다면 잘하는 듯하지만 이런 불안 자체가 아기에게 나쁜 영향을 주고 있다는 사실을 왜 모르는가?

　신은 인간을 만드실 때 스스로 자제하면 아무 이상이 없도록 만드셨다. 그런데 괜히 걱정거리를 만들고 유행적인 것에 빠져 무엇이 중요한 것인지를 잊음으로 해서 온갖 불안이 싹트는 것이다.

　만약 아기를 낳는 일이 그렇게 위험한 일이라면 선인들은 낳지도 못했을뿐더러 우리가 이렇게 정상적인 사람으로 살 수 있지도 않았다. 의학이 발달하고 사회가 다변화되니까 없는 불안을 사서 고생하는 율이 많아지고 있는데, 이는 사전지식이 전혀 없거나 잘못 알고 있기 때문이다.

조금만 이상해도 불안, 어떤 경험을 했다고 불안, 또다시 같은 일이 생기지 않을까 불안, 옆집의 누구는 어떻다는데 하며 사서 불안해 하는 어리석은 짓은 이제 떨쳐 버리자. 애초에 인간은 발생과 임신, 출산에 자연적 순리가 마련되어 있다. 그 순리에 따르면 아무 걱정이 없는데 잘못 아는 데서 또는 모르는 데서 불안은 싹트는 것이다. 중요한 것은 이 불안이 싹트게 하는 여건이다. 불안이 시작되면 그 원인을 찾아서 스스로 자제할 수 있는 슬기가 필요하다. 모든 해결방안은 자신에게 달려 있다. 타율적인 데서 찾고자 하기보다는 선인(先人)들의 하신 바를 새기며 올바른 자세를 지키면 바른 길이 보일 것이다. 그중에는 구미 선진국의 예에서보다는 동양적인 것, 즉 우리나라의 전통태교에서 찾는 것이 더 이해가 빠를 것으로 생각된다.

더욱이 임신부 강의에 의사들이 병 이야기, 잘못된 아기 이야기를 많이 하는 데서 오는 것은 아닌가 하는 문제도 제기된다. 또 많은 과학 보고와 매스컴의 빠른(다양한) 정보에서 기인된다고 할 수도 있다. 그러나 그것은 시대가 그런 시대이니 어찌하랴. 그런 시대에 사는 자신은 그에 맞게 읽고 알고 있어야 하지 않겠느냐 하는 것은 많은 강의에서 느꼈지만 임신한 사람들이 임신 중 알고 있을 일들을 그렇게도 모를 수가 있는가 하는 점에서다. 새로운 정보는 그렇다 치더라도 인체와 인간의 차이점을 꼭 지적해주어야 "아, 알 것 같다" 하는 점에서도 가임기의 여성은 결혼 전부터 학교교육을 제외한 생명교육 혹은 태교 등을 미리미리 해두면 이런 불안은 없을 것으로 확신한다.

숫자로 본 남녀의 생리(生理)

역학(易學)에서는 남녀의 생리를 숫자로 풀이해 놓았다. 현대의학에서 임상시험 데이터(data)를 어떻게 결론지을지 몰라도 상당히 재미있는 풀이로 보인다.

7은 여성을 의미하며 8은 남성을 의미하는데, 남녀칠세부동석(男女七歲不動席)이란 우리 유교사상도 여자는 7살이 되면 이성을 어렴풋이 알게 되는 나이이기 때문이다. 그러다가 ×2=14세가 되면 월경을 시작하는데, 실제로 이때가 되면 수태(임신)가 가능하나 너무 이른 나이의 임신은 태아나 임산부 모두에게 나쁘다. 그래서 그때부터 적령기에 이르는 동안 육체는 발달하게 된다. ×3=21, 즉 여성의 나이 20세를 기준으로 하여 ×4=28세까지의 임신이 가장 적당한 임신 시기라하며, ×5=35세까지는 B급으로 최상급 임신이라 할 수는 없다. ×6=42세로 C급, 어쩔 수 없는 경우를 제외하고는 피하는 것이 좋으며, ×7=49세는 여성의 폐경기에 접어든다. 생존의 문제를 제외하고는 번식의 종지부를 찍어야 하는 연대에 돌입한 것이다.

이렇게 보면 남성도 ×2=16세에 남성의 본분인 정자를 발사할 수 있는 시기이나 설익은 과일과 같아 훌륭한 번식의 거름은 될 수 없는 시기이고, ×3=24세를 전후하여 ×4=32세까지의 임신 사정을 A급, 건강한 아기의 생산 시기라 하며, ×5=40세는 B급 생산 시기라 하나 건강상의 이유와 풍만한 정신력의 문제에서 약간의 견해차가 있을 수 있다. ×6=48세까지의 생산은 약체가 될 가능성이 높고, ×7=56세의 경우는 가급적 피하는 것이 좋다고 하며, ×8=64, 실제로 남성은 기본수의 지승인 64세까지 가능하다 하나 현대과학의 입장에서 보면 좀 잘못된 수치가 아닌가 한다. 하기야 72세에도 아들을 본 기인이 있기는 하지만 향락으로의 성교와 자손을 보기 위한 사정에는 차이가 있다고 본다.

이렇게 여성은 일곱 수로, 남성은 여덟 수로 기본을 정하고 변화를 살펴봤는데 정확하다고는 할 수 없으나 잘못된 계산법이라고 반박할 만치 엉터리 수치는 아닌 것 같다. 더욱이 이런 기준도 없이 현재까지 내려온 외국에 비한다면 우리는 상당히 앞선 문화민족이라는 긍지가 있다. 이제부터라도 이것을 과학화, 체계화시키는 작업이 요망된다 하겠다.

남녀평등시대, 성 개방시대라 해도 해는 해고 달은 달이다. 해나 달이 같이 하늘에 떠 있고 빛을 비춘다는 점에서 같다고 할 수는 없다. 기능과 역할이 다르다는 면에서도 구분될 것은 구분해서 인식함이 좋다.

절제(節制)란?

"하지 마라 또는 이렇게 하면 나쁘다"라는 말을 들으면 누구나 싫어한다. 그래서 태교에서는 억제란 말보다는 절제란 말을 사용하고 있다.

그럼 절제란 무엇인가?

① 보정법(保精法)으로 정력을 낭비하지 않는 법을 말함이며,

② 성교의 절도로서 때와 장소 그리고 정기 좋은 때를 가려 임신하려는 지혜를 말함이요,

③ 금기사항을 잘 준수하고, 있을 때를 가려 행동하라는 것이다.

옛글 『의학정전(醫學正傳)』에 보면, 정자의 양과 질을 충분히 준비하고 때를 기다려 움직인다 하였고, 율곡 선생의 말씀에도 기(氣)를 쌓고 정(精)을 모아두었다가 때를 택해야 대지현인(大智賢人)을 낳는다고 제자와 문답한 어록(語錄)에 씌어 있다. 그러므로 절제란 잘하기 위하여 기다린다는 말로도 풀이되며, 이렇게 함으로써 우수한 아기는

기대된다는 가르침으로 해석된다.

과학적 입증이 필요하다고 느끼는 분에게는 도덕을 과학적으로 입증하기 어려운 것과 같이 이것도 과학적으로는 설명하기 힘드나 역설적으로 설명한다면, 모든 것이 과학적이라는 미국에서 오히려 잘못된 생명, 잘못된 사회문제가 더 많이 발생하고 있는 원인을 생각해보고 온고지신(溫故知新)을 새겨 보라고 권하고 싶다. 옛것을 앎으로써 보탬이 된다면 굳이 피하려 할 필요는 없는 것이다. 피임과 절제는 다르다. 일반적인 성생활과 잉태를 위한 합궁도 다르다. 만약 훌륭한 아기, 건강한 아기, 영특한 아기를 원한다면 참으로 절제란 필요한 것이 아닌가, 생각해볼 만한 일이다.

절제를 모르는 아프리카에서 AIDS가 창궐해 많은 생명이 고통을 당하는가 하면 미국의 우범, 누범지대에서는 아무렇게나 만들어진 새 생명들이 태어나 장래의 사회를 걱정하게 하고 있다. 그 일부의 잘못된 풍조가 우리나라에도 들어와 폭력, 살인, 마약 같은 곳에 빠져들어 사회문제를 일으키고 있는데 이는 돈, 물질풍조에 잘못 물들여지고 절제를 모르는 생활상에서 온 것이지만 부부생활에서도 적절히 절제를 해야 건강과 행복이 무너지지 않는다는 것을 음미해볼 필요가 있을 것이다.

기(氣)란 무엇인가?

　　요즘 '기' 연구가 활발해지며 서구에까지 관심을 불러일으키니 많은 사람이 기에 접근하며 학문적 실천적 훈련을 하고 있다. 그러나 여기서는 가임 여성들을 대상으로 하는 것이며 간략하게 그 의미를 알아보려 한다.

　　동양에서는 사람에게 몸, 마음, 정신 외에 기(氣)라는 것이 있다고 말한다. '기'란 무엇인가를 명확하게 설명하기는 어렵지만, 생명의 본원으로 이 기가 좋아야 생명력이 강하고 활력이 있으며 큰일을 할 수 있다고 하는데, 좋은 기란 맑은 마음에서 나온다고 한다.

　　오래전의 『주역(周易)』 「계사」에는 태초의 인간이 생겨난 원리라고 하여 이것을 기화(氣化)로 표시했고, 『장자전서(張子全書)』의 「정몽(正蒙」에는 이 원리를 유기(游氣)로, 『율곡전서(어록 하편)』 「창세기」에는 이 원리를 생기(生氣)로 표현하고 있는데 정기(精氣), 기운(氣運), 명(命) 등이 이에 속한다.

　　다시 말해서 기(氣)란 인체와 연결되어 살아 있다는 존재를 나타내는 것으로 떨어지면 껍데기만 남는다는 신체 속의 정신과도 비슷한 말이나 정신은 아니며 어떤 힘(力)과도 같은 것인데, 이는 곧 명(命)이라는 말과도 통한다. 인간발생을 의학적으로는 정자와 난자의 결합으로 배태된다고 하나 동양에서는 거기에 기(氣)라는 것이 합쳐져야 비로소 생명체가 완성된다고 한다.

'기' 의학에서는 몸과 마음을 좌우하는 생체 에너지라 하기도 하고 기가 막히면 병이 또 살면 힘이 된다고도 한다. 신라의 고승(高僧) 이차돈이 자기 몸(껍데기)을 뒤뜰 굴뚝 옆에 남겨두고 혼(魂)만이 공중을 날아 인도에 다녀왔다는 옛이야기에서도 둔갑술이나 축지법이 아닌 몸 안팎의 분리를 말할 때 쓰이고 있음을 본다. 그럼 또 명(命)이란 무엇이냐 하니, 이는 하늘이 부여한 것이라고 하는 설과 생체(生體)를 표현하는 말이라 하는 사람이 있는데, 기(氣)는 생명(生命)과 떼어 놓을 수 없는 불가분의 관계로 육신(肉身)과 같이 살아 있는 모습, 활동하는 모습, 힘쓰는 모습에서 그 존재를 알 수 있다. 그래서 기(氣)란 생명 발생에 있어 귀중한 존재가 되므로 태교를 열심히 하고자 하는 사람은 훌륭한 기(氣)를 받는 계기를 마련할 수 있다고 본다.

또 기는 전자파 형식의 특징을 가지고 있어 신명나는 일이 생기면 힘이 솟고 반대인 경우는 맥이 풀린다고들 하는데 이것이 다 기의 활성화와 명멸의 이치라 한다. 한의학에선 우리 몸을 12경락과 수백 개의 경혈로 돼 있으며 오장육부와 연결돼 음양조화-조절기능을 하는 것이 기라고 표현하기로 하는데 여하튼 기란 우리를 지탱해주고 활력 있게 해주는 힘이니 상하지 않게 해야 하는 것으로 주의를 준다. 나아가 기질이란 특성, 특기, 장끼, 고집, 끈기, 모기 등을 말(지칭)하는 것이라 하기도, 아니면 인내심, 소질이나 버릇이 아닐까 하기도 하

지만 실은 바탕을 이루는 성질 또는 정서적 반응 특질이라고 사전에
는 나와 있지만 현대적 의미로는 성공과 실패 사이의 인내력(사전오
기) 같은 것이라고 표현하기도 한다.

하나 낳기와 태교

2010년 10월의 세계 인구는 69억 7천만 명쯤 되고 우리나라 남한인구는 5천만 명 정도가 추산됐다고 한다. 세계 인구는 2초에 5명씩 증가하고, 우리나라는 51초에 1명씩 증가한다.

이렇듯 기하급수로 인구가 증가하니 보통문제가 아니다. 1970년대부터 가족계획협회는 인구 억제에 공헌하긴 하였으나 미흡하였고 이제부터는 스스로 억제하는 시대로 접어들었다. 그래서 태교를 더욱 권하는 것은 하나만 낳는 아기를 애당초에 훌륭히 낳아야지 잘못되어 낳게 되면 문제는 발생하게 된다. 태교는 아기를 많이 낳자는 데 의미가 있는 것이 아니다. 누구나 낳고자 할 때 훌륭하게 낳음으로써 애정의 가교가 되고, 귀여운 재롱은 가정화목을 가져오게 하기 위함이며, 자손이 필요한 집안에 훌륭한 손을 안겨주기 위함이다. 그런데 바쁜 생활이라고 영특하고 씩씩하고 성품 좋은 남아나 예쁘고 재주 있는 여아를 출산하지 못하면 집안은 우울함이 가시지 않게 된다. 고로 태교는 이 점을 보완해주는 유일한 길인 것이다.

잘난 아기를 낳은 엄마는 어깨가 가볍고 얼굴이 화사해진다. 어느 때, 어느 장소에서나 자랑스럽고 자신만만해진다. 그러나 그렇지 못한 엄마는 오랜 세월을 고통 속에서 지내야 한다. 그러려면 아주 안 낳은 것이 상책일 수도 있다는 것은 경험하지 않고는 알 수 없는 일이란 말을 듣는 경우가 종종 있다. 또 이런 경우는 뒤늦게 깨닫고 다시 낳아볼까 해도 두려움이 앞선다고 한다. 그뿐 아니라 정부에서 베푸는 여러 가지 혜택에서도 빠지고, 죄를 짓는 마음이라고 한다. 그러므로 태교 보급은 쌍둥이같이 병행하여야 할 중요한 문제이다.

갓 낳은 아기의 영재육아

　요즈음 영재육아에 대한 관심은 대단하다. 그러나 거기에 대한 시기나 방법 등에 관해서 잘 몰라 언제부터 어떤 기관에 보내야 할까 하고 고민하는 엄마들이 꽤 있다. 그래서 여기 간단한 예문으로 도움이 되고자 한다.

　일반적으로 갓난아기는 아무것도 모르는 것으로 생각하지만 그러나 사실은 그렇지 않다. 갓난아기의 감각은 초인적으로 발달되어 있어서, 눈을 보면 망막이 덮여 있는 듯하지만 그의 눈에 비친 것은 영상으로 뇌리에 나타나고 듣는 것은 기억으로 화한다. 냄새를 맡아 엄마 것인지 다른 것인지를 구별한다. 입에 라텍스로 만든 젖꼭지를 대보면 이상하게 느끼는 것을 볼 수 있다. 쓴 것을 대주면 얼굴을 찡그리고, 임신 중에 자주 듣던 음악을 들려주면 편안해하며, 엄마 가슴에 귀를 대주고 있으면 고요히 잠들기도 한다. 이렇듯 익숙하게 오감이 발달되어 있다. 그렇다고 성인과 같이 완전하다고 할 수는 없으나 상상하는 것 이상으로 느낄 수 있다는 것은 요사이 과학이 여러 가지 실험에서 얻은 결론이다.

그래서 아기를 영재로 만들고자 생각한 어떤 학자는 아기의 방벽에다 숫자와 가감승제까지 써 붙여 보았다. 그랬더니 아기는 눈을 뜨면 벽을 바라보는 습관이 생겨 역시 무언가 느끼고 있음을 알았다. 학자부모는 다시 얼마가 지난 후 수학공식도 붙여 보았다. 그리고 점점 높여 나중에는 수학공식을 푸는 방식까지 써 붙였다. 두 살이 넘고 아기가 말을 하게 되었을 때 이 부모는 장난감도 수와 연관된 놀이를 할 수 있게 배려했다. 같이 놀아주기도 하려니와 혼자서도 그런 형식으로 놀게 유도했다. 그랬더니 그 아기는 유치원이나 학교에 다니면서 천재적인 셈의 능력을 발휘했다. 선생님들도 놀라고 부모도 놀랐다. 그래서 점점 고학년 것을 익히도록 했다. 마침내 이 아기는 17세 정도에서 대학의 수학강사로 나가게 되었다. 물론 부모의 노력도 무시할 수는 없겠지만, 일반적으로 아무것도 모르는 것으로만 알았던 갓난아기에게 생후 며칠부터 무엇을 어떻게 할 것인가 하는 것을 미혼여성 때부터 미리 알아두면 좋겠기에 한 예로 소개한다.

우리나라도 일부 영재교육이 시작되었다. 그러나 어려운 관문을 통과해야만 하고 입학이 되었다고 해도 견디기가 어렵고 또 지속적인 교육기관, 다양한 교육방법이 있느냐 하는 문제가 제기되고 연령에 맞는 교육내용에도 문제가 있다. 그러나 영재만 될 수 있다면 하고 엄마들도 자기 자녀 영재 만들기에 열을 쏟고 있다는데 여기서는 기왕에 그런 자질을 만들어 주어야 한다는 것을 알려 주고 싶다. 그것이 유전적인 것이든 환경적인 것이든 태중에서 진화하는 동안에 영재적 소질을 타고나게 하는 것도 태교의 한 방법이니 앞으로 계속 이 책 속에서 그 방법을 찾기를 바란다.

위인들의 어머니

"훌륭한 어머니에게서 잘난 자녀가 나온다"라는 말은 동서고금을 막론하고 전해지는 말이다. 참으로 어머니는 존경의 대상이다. 많은 위인들의 전기(傳記) 속에는 훌륭한 어머니의 이야기가 뒤따른다. 과연 그들은 어떻게 자녀를 낳고 키웠는지 알아보자. 많은 이야기 중에서도 잉태와 태중의 태교 입장에서 대표적인 것을 골라 간추려 보기로 한다.

● 문왕의 어머니 태임(太任)

2,800년 전 중국 주나라 문왕의 어머니인 '태임'은 잉태를 자신의 덕목으로 보고 열심히 태교에 힘썼다. 섭생으로부터 언행 그리고 머리를 총명하게 하기 위한 가르침 등을 잘 실천한 결과 훌륭한 인물을 얻었다.

지금도 전해져 내려오는 "아기 배어 하나를 가르치니 열을 알더라" 하는 말은 바로 이 태임이 문왕을 잉태하고 경험한 바를 전하는 말이다.

● 공자의 어머니

춘추전국시대의 '공자'의 어머니는 우리 한국 계통이라는 말이 있으나 근거가 불충분하다. '공자'의 어머니는 노나라의 니구산을 찾아가 아들을 위한 기도로 잉태하였다. 그 정성은 임신 중에도 열심히 태교를 하였는데, 그 결과 성인군자를 낳았다는 것이다. 어렸을 때 '공자'의 머리모습이 니구산과 닮았다 하여 '공구니'라는 별명이 붙었다는데, 이도 태교의 영향이라 보인다.

● 맹자의 어머니

'맹자'의 어머니는 전국시대 사람으로 요순을 본받으며 석부정(蓆不正)이면 하는데, 이 말은 앉을자리가 마땅치 않으면 하는 뜻으로 잉태하고 몸을 조심했다는 의미와 출산 후에도 삼천지교(三遷之敎)라고 아들을 위하여 주위환경이 마땅치 않으면 세 번이라도 이사를 한다는 가르침으로 통한다.

● 정몽주의 어머니

어릴 적부터 꽃씨를 뿌리고 가꾸며, 아무리 좋은 종자라도 가꾸는 것을 소홀히 하면 꽃도 잘 피지 않고 열매도 부실함을 느꼈으며, 서로 다른 동물끼리 접종을 시켜 보니 두 종류의 성품을 갖고 태어난다는 사실 등에서 인간의 수태, 태중, 출산의 3가지 중요한 점을 발견하고 태교의 중요성을 인식하였다. 그래서 성현의 지나온 행적을 더듬고 책을 읽으며 "나도 그와 같은 위인을 낳겠다"고 옳은 방법을 실천하였다 한다.

● 신사임당

유명한 '이율곡'의 어머니요, 모범적인 여성상인 '사임당'을 모르는 사람은 없을 것이다. 시문에 능하고 글과 그림에 뛰어나고 또 지식을 훌륭히 키워 현모로서도 제일가는 여성으로 손꼽는다.

태교를 훌륭히 하고자 태임(太任)의 임자를 붙여 사임(師任)이 됐다는 일설이 있을 정도로 훌륭한 어머니상이기도 하다. 그분의 행적을 길이 남기고자 강릉 오죽헌에 사임당 학교가 세워졌는데, 규수교육이나 여성교육의 일환으로 많은 관객이 다녀가고 있다.

● 사주당 이씨

1801년 아들 '유희'(언문지 저자)의 손으로 출산하게 된 『태교신기』의 저자로서 태교를 완전한 하나의 지침서로 종합적이고도 구체적인 교재로서 남긴 유일의 태교전문가이다. 생전에 7~8권의 책을 저술한 바 있으나 임종 때 아들의 손으로 다 불태우라 하고 미완성의 『태교신기』를 완성하라고 '유희'에게 부탁했다는 말은 태교의 중요성을 더욱 실감케 한다.

앞으로 『태교신기』는 현대화하여 여러분 누구에게나 전해지겠지만 과학적 입증과 더불어 영문으로 번역하여 우리 문화를 해외에 자랑할 만한 역작이 아닌가 한다. 여러 고전의 자료를 해득하고 장작의 언어구사와 자기 경험을 가미하고 태교만을 전문으로 다룬 태교의 제1인자이다.

● 빙허각 이씨

'사주당 이씨'와 동시대 사람으로 『규합총서』를 저술한 여성이다.

이 책은 당대의 여성백과사전이라고 할 수 있을 만큼 여성문제 전반에 걸쳐 자세히 설명하고 있다. 예의, 행실, 음식에 관한 것뿐만이 아니라 건강을 위한 술 담그는 법, 태내 아기를 키우는 법 등 다양하게 싣고 있는데, 특이한 것은 나이 어려 기운이 약한 사람이나 나이 많아 혈기가 부족한 사람은 경솔하게 행동하지 않아도 태아가 흔들리기 쉽다고 경고하고 있는 점이다. 요즈음 구미나 일본 등지에서 답습하고 있는 한국의 전통음식(발효식품)의 기본적인 이론 정립이 여기서 나왔다는 말도 있다.

● 사무엘의 어머니

'한나'라고 하는 '사무엘'의 어머니는 기도로서 아들을 얻었다고 한다. 잉태한 후에는 부정한 음식과 술 등을 일절 입에 대지도 않았으며, 하나님께 맹세하길 아들을 낳으면 민족의 지도자가 되도록 하겠다고 기도하였다. 열 달을 하루같이 정성을 들여 아들을 낳으매, 젖을 떼기가 무섭게 곧 선지자 '엘리'에게 키우도록 부탁하여 후에 '사무엘'은 큰 선지자가 되고 '한나'는 약속대로 아들을 신에게 바친 것이 됐다. 이 훌륭한 어머니와 훌륭한 그의 아들은 기도와 노력의 모범이다.

● 구노의 어머니

'구노'의 자서전에 "나의 어머니는 젖만큼이나 중요한 음악을 나에게 주셨다. 어머니는 젖을 먹일 때는 늘 나에게 음악을 들려 주셨기 때문에 내가 음악을 좋아하게 된 것이다"라고 하고 있는 것으로 미루어 보아 아마도 '구노'의 어머니는 태기가 있을 때부터 그렇게 하지 않았겠는가 하는 것이 일반적인 견해다. 선천적으로 타고난 재주에 출생 후에도 그렇게 키운 어머니의 생활이 곧 '구노'의 바탕을 이루고 있는 것이다.

● 모차르트의 어머니

악성(樂聖)이라 불리는 '모차르트'도 그의 재질이 후천적인 것만은 아니었다. 아버지가 궁중악단의 책임자로 늘 바쁜 일과였으므로 '모차르트'의 어머니는 남편을 내조하기 위하여 임신 중에도 열심히 뒷바라지를 했다. 그러나 다른 음악가들에 비해 남편은 노력의 대가가 없는 것을 보고 아기는 더 훌륭한 음악가로 만들 결심을 했다. 이런 환경 속에서 태어난 '모차르트'는 태내에서 받은 영향 때문인지 재질이 뛰어난 데다가 후천적 노력과 더불어 악성에까지 이르게 된 것이다. 같은 형제라도 다른 사람은 그렇지 못한 것은 '모차르트' 이후 집안에 음악이 끊겼다는 이야기에서 태교의 중요성을 더욱 실감할 수 있다.

● 케네디의 어머니

미국으로 이민 와 정착한 아일랜드계인 케네디 가문은 그리 대단한 것은 아니었다. 처음에는 농민 출신으로 후에 장사하는 집안이었다. 그러나 한 가지 중요한 것은 어머니 '메리' 여사의 결심인데, 처음부터 아들을 낳으면 훌륭한 정치가로 만들겠다는 것이었다.

첫아들 '조셉'을 임신하면서부터 조용히 쉴 때는 항상 훌륭한 정치인들의 책을 탐독하고 연설집도 모았다. 부친이 영국대사로 부임하자 그 열의는 더욱 가열되어 자라는 아이들에게 용기와 웅변도 익히게 했다. 이런 어머니에게 영향받은 아이들이라 커 가면서 그 능력을 인

정받기에 충분하였다. 대통령이 되기 전 해군에 있을 당시 발휘한 과단성, 용감성과 설득력 있는 웅변은 널리 알려진 이야기다.

'메리' 여사의 결심, 노력, 행동은 이미 결혼 전부터였고 임신을 전후하여 본격적으로 불이 붙은 것으로 태교와 무관하다고 볼 수 없다.

● 가쓰카 잇슈의 아버지

일본의 근대 해군을 창설하는 데 크게 공헌한 '가쓰카 잇슈'의 아버지는 부인이 임신한 것을 알고 술을 끊었다. 남자도 태교하는 데 도움을 주기 위해서 좋아하는 술부터 끊어야겠다는 생각으로 금주를 단행하고 부인의 열성적인 금기를 도왔던 것이다. 너무 힘들지 않게, 주위가 산만하지 않게 하고, 좋은 책을 골라주며 읽도록 하였다. 그것이 후에 일본역사에 남을 인물을 키운 것이 아닌가 한다.

분별의 지혜

지식 정보화시대에 갖출 지혜는 분별의 능력이다. 많은 정보가 물밀듯 들어오고 알고 싶은 것은 컴퓨터의 클릭 하나로 다 해결되는 듯하다. 그러나 과연 그럴까? 그런 중에서도 우리는 알 것을 바로 아는 지혜가 중요하며 더욱이 생명 발생에 관한 한 더하다. 요사이는 세계가 좁아져서 많은 문물이 홍수를 이루고 있어 각종 정보와 많은 연구 결과가 나오고, 커뮤니케이션이 속도를 가하고 있다.

그래서인지 어떤 때는 알고 있는 것이 틀리게 나오는 새로운 소식이 있는가 하면, 안 된다고 하던 것이 그래도 괜찮다고 할 때도 있어 어리벙벙해지는 수가 있다.

어떤 사람은 복고형이 되고, 또 어떤 사람은 첨단을 향하여 매진한다. 그러나 인간 발생에 관하여 한 가지 분명히 해두어야 할 것이 있으니, 그것은 근본적인 문제와 지엽적인 문제를 구별하는 지혜이다. 가령 아기를 건강하게 한다고 마구 비타민이나 보약 등을 먹는 이가 있다. 그 아기가 건강하게 되는 건지, 잘못되는 건지도 모르는 여성이 있다면 문제가 된다.

건강이란 육체적인 것만이 아닌 정신적인 것과도 균형이 잘 이루어지는 데 있는 것이지 자꾸 영양만 섭취한다고 해서 되는 것이 아니다. 만약 자신이 배 속의 아기라면 어떨까? 우왕좌왕, 갈팡질팡, 엄마 참 잘한다고 손뼉을 칠 일은 아닐 것이다.

더욱이 대장간의 도구 만들기와 같지는 않다. 대장간의 도구는 잘못되면 불에 다시 달구어 두들기면 되지만 인간은 그렇게 마음대로 형성되는 것이 아니며, 잘못되었다고 다시 만들 수도 없는 것이기 때문이다.

알 것은 미리미리 바르게 알아두고, 결혼하여 임신을 하게 되면 옳은 실천뿐이라는 것을 명심해야 한다. 그러기 위해서는 분별력 있는 판단을 미혼 때부터 준비하는 지혜가 필요하다. 예를 들어 여기 한 그루의 나무가 있다. 나무에는 뿌리가 있고 기둥이 있고 가지가 있다. 가지에는 잎이 있고 열매가 열린다. 그러나 우리가 일상적으로 말할 때는 그냥 나무라고 칭한다.

그와 마찬가지로 말과 글도 전체적인 내용 그대로를 받아들일 것이 있고 부분적으로 중요한 것도 있다. 그런데 어떤 사람이 태교는 음식이나 잘 먹으면 되는 것같이 말을 했을 때 우리는 이것을 어떻게 받아들여야 할지? 여기서 문제가 되는 것은 뿌리가 되는 말과 가지가 되는 말은 엄연히 다르다는 것이다. 이것을 혼동하는 사람은 잘못될 수도 있다. 이 점을 명심하지 않으면 안 된다. 아무리 지식이 범람하고 상품광고가 많다 해도 음식이나 잘 먹는다는 말은 지엽적인 말로, 이것을 전체로 받아들였다가는 후에 돌이킬 수 없는 곤경에 처할 수도 있다는 것을 알아야 한다. 비만도 일종의 기형이다. 그래서 태교에서는 분별의 지혜를 중요시하고 있다.

성(性)과 경청

요즘 성이 개방되었다고들 한다. 서구 풍토가 낳은 결과물이라 느껴진다. 그런데 성 개방은 무엇이며 어느 정도로 개방하면 되는 것이냐는 문제는 꼬리에 꼬리를 문다. 성(性)이란? 성을 말하기란 쉽고도 어렵다. 그러나 굳이 설명하고자 한다면 이렇게 말하고 싶다.

① 성이란 행복을 창조하는 매개물이다.

② 고통을 이겨내게 하는 캄풀주사와도 같다.

③ 생명을 발생시키는 씨앗이다.

또 다른 말로 표현한다면, 각기 다른 환경에서 태어난 한 쌍의 남녀가 결합하여 검은 머리가 파뿌리가 되도록 사는 동안 희로애락을 함께하라고 주신 신(神)의 선물이라고 말할 수 있겠다. 식물은 자웅이 꽃 속에 화분으로 되어 있어 벌이나 나비에 의해 교배되거나 바람에 날려 이루어진다. 동물은 발정시기가 있어 암컷이 암내를 낼 때 수컷이 찾아와 종족번식으로서 교미가 이루어진다. 그러나 사람은 종족번식 이외의 기간에도 성생활이 가능하도록 신으로부터 특혜(?)를 받았다. 그렇다고 해서 항상 혹은 아무하고나 무절제하게 성을 나눌 수 있도록 되어 있는 것은 아니다. 왜냐하면 혹 잘못되면 그 안에는 매우 무서운 독소가 있어 어떤 때는 병이, 어떤 때는 불화가, 또 어떤 때는 행복이 깨지는 수가 있으므로 성(性)은 적재적소에서 활용하지 않으면 안 된다.

무한한 숙제로 남아 있는 인간의 성생활은 과연 어느 것이 최고일까? 서구나 미국 등 선진국이라는 나라들에서 무척이나 개방적이라고들 한다. 그렇다고 우리가 아직도 폐쇄적이냐 하면 그렇지는 않다. 다만 아직도 전통적 풍습을 잘 지키는 편이라고 하지만 막상 세계 풍물을 들여다본 사람의 입장에서 보면 우리나라는 원시적이지도 또 너무 퇴폐적이지도 않는 미풍양속을 유지하며 점진적으로 발전해 나아가고 있다고 해도 잘못됨이 없을 것 같다.

여기서 짚고 넘어가야 할 것이 있다면 남녀의 성생활은 시험적이거나 즐기는 도구만이 아니라는 것이다. 남녀의 성은 각기 다른 목적과 의무(책무) 같은 것이 있어 각자의 역할과 활동에 최선을 다하지 않는 한 결과적으로 엄청난 일을 겪을지도 모를 어떤 원인을 만든다는 데 있다. 다른 선남선녀가 한번 사랑을 나누는 과정에서 있을 수 있는 일이 아니냐고 변명을 늘어나 봐야 생명 발생에 있어서의 결과는 그렇게 장난같이 처리할 수 없는 엄청난 과제가 엄습할 것에 대처 능력이 마련되지 않았다면 그것은 그렇게 아무렇게나 해볼 일이 아니라는 데 있다.

어떤 사람(학생)은 이 문제를 소홀히 한 관계로 평생 구렁텅이에 빠지는가 하면, 어떤 학생은 아주 자살해 버리기도 하고 또 어떤 학생은 어쩔 수 없이 외국으로 이민(유학 명목)을 가 버리는 일 등 엄청난 생의 변화를 치르는 일 등을 보며 사랑이라는 이름으로 접촉한 남녀의 성 문제는 충동이라는 매개물과 생명 발생이라는 결과론을 놓고 생각하며 행해야 할 중대사라 아니할 수 없다. 더욱이 이 문제는 양가의 행복과 불행의 문제와 연결된다고 볼 때 단둘이서만 해결할 일도 아니라는 데서 중대성을 더한다. 누구나가 겪는 일, 누구나가 하는 일 같아도 할 수 있는 사람과 할 수 없는 사람이 있다는 것을 깊이 새겨 보자.

텔레고니(흔적)

1. 한 가지 예를 들어 보자. 6·25전쟁 당시 경상도 부산까지 피란하여 살던 어느 가족의 이야기로, 그 가족은 부모와 두 아들 그리고 22세가 된 딸이 하나가 있었다.

경상도 좁은 땅에 피란 온 많은 사람들은 직업도, 먹을 것도 없는 피란생활에 아침을 먹고 나면 점심 걱정, 저녁을 굶고 다음 날이 되어도 막연하기만 한 하루하루였다. 굶기를 밥 먹듯이 했으니, 그때의 어려웠던 사정을 요즈음 20대가 이해하기란 그리 쉽지 않을 것이다.

그러나 그런 때에도 목구멍이 포도청이라 마냥 그대로 있을 수는 없었다. 그래서 생각다 못한 딸이 자신의 희생으로 우리 가족이 살 수만 있다면 하는 마음을 굳히고 직업전선에 뛰어들었다. 그때 이 여성이 할 수 있는 일이란 몸을 파는 일이었다. 전쟁의 와중에도 그런 길은 있어 겨우 UN군을 상대할 수 있었는데, 그중에는 백인이나 흑인도 있었다고 한다.

얼마 후 전쟁이 끝나자 피란살이도 끝이 나고 가족들은 무사히 고향으로 되돌아갈 수가 있었다. 그러나 그 여인은 갈 수가 없었다. 굳이 돌아갈 것을 사양하고 혼자 남게 된 것이다. 고향에 돌아온 가족들은 살림을 정리하고, 되찾은 논과 밭에 온갖 정성을 다하여 그해 가을에는 풍년을 구가하는 풍족한 살림을 마련할 수 있었다. 그러자 그 부모는 딸에게로 가서 고향으로 돌아갈 것을 권유해 억지로 데리고 왔다.

한 가족은 오랜만에 다복한 가정이 됐다. 그 여인에겐 과거가 있었으나 모든 걸 깨끗이 청산하고 새 사람으로 새 출발을 다짐하며 열심히 살다 보니 주위의 평판이 자자하여 "아까운 색시야, 어디 좋은 상대가 있어야 할 텐데……" 하며 여기저기서 중매가 들어왔다. 그러나 그녀는 자신의 과거 때문에 한사코 거절했다. 열 번 찍어 안 넘어가는 나무 없다고, 어느 중매쟁이의 노력으로 과거는 완전히 이해하고 이 여인 아니면 결혼을 하지 않겠다는 상대와 만나 결국 결혼을 승낙했다.

둘은 곧 결혼식을 올리고 행복한 결혼생활을 시작했다. 그녀의 야무진 살림솜씨에 주위의 평판이 자자했으며 부부는 행복한 신혼생활을 하고 있었다. 얼마 안 가 그녀는 임신을 하고 열 달이 되니 출산을 하게 됐다. 출산은 정상적으로 무사히 진행되어 떡두꺼비 같은 사내아이를 낳았는데, 이게 웬일인가? 검둥이를 낳은 것이다.

문제는 여기서 발단되었다.

무어라 설명할 수 없는 이 괴상한 결과를 보고는 누구나 "이를 어째!", "어머나 이럴 수가!" 하는 말밖에 나올 수가 없었다. 아기의 피부에 페인트칠을 할 수도 없는 노릇이고, 또한 남편이 이 아기를 자기 자식이라고 안아 볼 수도 없는 입장이 되고 말았다.

아내를 의심할 여지는 없었으나 그렇다고 의심 안 할 수도 없게 되었으니, 남편은 매일같이 술과 한숨으로 지내며 하루 이틀 집에 들어오지 않더니 결국엔 어디론지 종적을 감추고 말았다. 그러자 남편을 기다리다 못한 아기엄마도 더 이상 어찌할 바를 모르다 스스로 목숨을 끊는 결과를 빚었다.

이 소문은 입에서 입으로 멀리까지 퍼져 우연히 어느 의학자의 귀에 들어갔는데, 마침 이 의학자는 혈청학을 연구하시는 분으로 "어, 그건 혈청학의 문제인데" 하였다. 혈청학에서 보면 남녀 교합 시 여자에게 흡수된 남성의 정액이 체내에 잠복했다가 혈청을 통하여 세포질이나 배자에 착색된 유전질의 영향이라는 설명이 있다. 이것을 흔적(telegony)이라 하는데, 전에 있었던 경험에서 색의 인자가 후에 착색된 현상으로 흔한 현상은 아니지만 이런 일을 겪어서는 안 되겠다는 입장에서 성을 아무렇지도 않게 생각하는 여성에게 참고해둘 만한 이야기로 적어 본다.

성은 신으로부터 부여받은 훌륭한 선물이다. 사랑하고, 이해하고, 포용하고, 존경하는 가운데 주고받는 육체의 결합으로 필요할 때 사용하면 행복의 열쇠요, 잘못 사용하면 죄의 씨앗인 것이다. 그래서 미혼여성이 미리 알아두어야 할 태교가 이미 그 도(度)를 넘었다고 하는 것은 미래의 행복을 위해서이다.

2. 아라비아의 수말(밤색 털)을 얼룩무늬 암말과 접종시킨 다음 다시 검은색 아라비아의 암말과 잡종을 만들어 보니 태어난 두 마리의 말은 앞서의 얼룩무늬 암말의 영향을 받아서인지 그 모습의 특징을 갖고 있었다. 이런 것을 텔레고니라 하는데, 우리말로는 '흔적'이라고 표현한다.

이것은 사람에게도 나타나는 것으로 가령 혼전의 여성이 어느 남성과 육체관계가 있었다 하자. 그 후 딴 남자와 결혼을 했는데 여기서 태어난 아기에게 처음 관계한 남자의 흔적이 나타날 수도 있다는 것이다. 유전에서 선부의 흔적은 영원히 남아 있어 그것이 후에 나타난다는 설이다.

과학적으로 좀 더 밝혀져야겠지만 종전의 유전설에 있는 이야기로 혈청학에서 보면, 모체의 숙주가 혈청을 통해서 세포질이나 배자(胚子)에 어떤 영향을 끼칠 수 있다는 것, 즉 절대유전에 속하는 색깔, 모양, 크기나 특징적인 생김새의 영향이 있는 것으로 보고 있다. 우생학의 입장에서 우성, 열성의 문제로 제기되는 색깔의 경우, 진한 색은 엷은 색보다 우성이라 하는 것과도 같은 이치이다. 그러나 이것은 확률상의 문제로 서구의 남녀가 같은 푸른 눈의 결합인 때에도 일반적으로는 푸른 눈이 탄생하나 어떤 때는 녹색이나 갈색의 눈이 나올 때도 있다. 한편 아버지가 갈색 눈이고 어머니가 푸른 눈인 경우에 여기서 태어난 아기 중에는 아들은 푸른 눈이 많고 딸은 갈색 눈이 많다는 반성유전의 이야기도 있다.

오히려 머리카락 같은 것에서 곱슬머리는 직발 머리보다 우성으로 나타남을 보며, 검은 머리는 붉은색보다 우성으로, 붉은 머리는 또 금발보다 우성으로 나타난다고 한다. 피부색은 거의 진한 색이 엷은 색보다 우성인 것으로 나타나고 있고 쌍꺼풀, 지문, 혀의 운동능력, 미각 등은 유전 쪽에 속하나 지능지수(IQ)는 유전이 아니라고 하는 설이 요즈음의 지배적인 경향이다.

우리 속담에 "아니 땐 굴뚝에 연기 나랴" 하는 말이 있다. 이렇듯 나타난 결과는 언제나 원인이 있게 마련이다. 이것이 유전이든 환경이든 간에 말이다.

예방의학 3가지

루베라(Rubella)

일명 풍진(風疹)이라 하여 세균성 감염으로 홍역, 습진 등과 같이 얼굴에 붉은 점이 솟아나는 계절병, 풍토병이다. 풍진은 인체의 염색체를 파괴하는 무서운 병으로 이것이 임신 초기에 나타나면 거의 틀림없이 탯줄을 통하여 태아에게 영향을 주므로 선천성 심장병, 백내장, 식도협착, 뇌막염 등의 질환을 유발시킨다고 한다. 그러나 예방접종으로 면역성을 기르는 방법이 있다 하니 결혼이나 임신을 앞둔 여성들의 주의를 환기시키고자 한다.

작년 모 종합병원에서 여고생 100명을 대상으로 접종한 결과 무려 14명이 나왔고, 연세대학교 팀 조사에 의하면 평균치가 25명이라는 수치가 네거티브로 판명되었다는 것이다. 이렇게 높은 수치의 원인은 바쁜 생활로 인한 여러 사람과의 접촉과 더불어 많은 사람들이 운집하여 생활하기 때문이며, 또한 약의 과용으로 인하여 보균하고 있어도 겉으로 발현하지 않아 모르고 지나치는 수가 허다하다는 것이다.

그러므로 미리 알아두면 예방에 큰 도움이 될 것이다.

특히 미혼여성은 혼전에 체크하여 설혹 네거티브라는 판명이 나더라도 치료가 간단하나 결혼하고 임신 후에 발견되면 아기에게 커다란 영향을 끼치므로 임신중절을 할 수밖에 없으니 이런 불행을 예방하기 위해서도 필히 알아두는 게 좋다.

학설에 의하면 Rhodes는 임신 초기(4주 이내)에는 50%, 3개월에는 47%의 태아가 영향을 받는다고 했으며, Emery도 임신 후 몇 주 내에는 60%의 위험을 갖는다고 했다.

HSV에 대하여

임신 중인 한국여성의 84.7%가 성병의 일종인 '헤르페스 심플렉스 바이러스'라고 하는 병, 즉 우리말로는 '단순성 포진 바이러스'라는 HSV에 감염되어 있거나 혹은 감염됐던 경험을 갖고 있다는 연구가 고려대학교 의과대학 산부인과 연구팀의 조사로 밝혀졌다.

서울에 거주하는 임신 중인 여성 92명을 대상으로 HSV에 대한 항체보유 여부를 조사한 결과 84.7%인 78명에게서 항체가 발견됐다는 것이다. HSV는 임부에게는 거의 영향이 없으나 태아에게는 감염률이 약 10%에 달하는 무서운 병으로, 이 영향을 받은 신생아의 70~80%가 얼마 안 돼서 사망하는 것으로 알려져 있다. 국내에서는 1984년 9월 이대부속병원에서 쌍둥이 남아가 태어났는데, HSV의 감염으로 인하여 각각 생후 8일과 16일 만에 사망한 바 있다.

연구팀은 항체보유자 가운데는 실제로 헤르페스를 앓고 있는 사람이 어느 정도인지 혹은 앓는 타입이 어떤 것인지에 대하여는 아직 조사한 바가 없다고 하나 항체의 보유 여부에 따라 임신 중의 건강관리,

약물복용, 분만방법 등을 달리해야 하므로 선진국(미국) 등과 같이 임부에 대한 항체검사를 의무화할 필요가 있다는 것이다.

HSV는 한번 감염되면 일생을 통해 반복적으로 재발하므로 임신 때마다 항체보유 여부를 검사해서 감염에 따른 조산, 유산, 사산을 막아야 한다. 만약 비용이 좀 든다고 해서 소홀히 한다면 큰 불행을 초래할 것이므로 태어나지 않을 아기라면 모르되 바라는 아기라면 미리미리 체크해두는 것이 바람직하다.

하루속히 시약 값이 염가로 되어 수혜의 길이 열려야 할 것으로 생각되나 아직 시행되지 않은 상태에서는 가임여성 자신이 임신 전에 발견하거나 치료해두지 않으면 불행을 면치 못할 것이므로 예방의학의 견지에서 미혼여성의 상식으로 첨가한다.

금세기의 페스트 AIDS

AIDS는 후천성면역결핍증이라는 무서운 병으로 암의 일종이다. 현대 문명이 낳은 괴질로 세계 100개국에 수만 명이 발생했으며 우리나라에서도 현재 1만 여명이 검사 중이다. 원인은 동성연애나 마약중독 혹은 성 문란 등에서 발생하는 것으로 상처 부위에 피와 피가 맞닿았을 때나 입 속의 침을 통하여 균의 감염으로 생긴다 한다.

B형 간염의 전염방법과도 비슷한 20세기 말의 새로운 질병으로 100명 발생에 70명이 사망하는 매우 사망률이 높은 현대판 페스트이다. 치료법조차도 알 수 없는 이 무서운 병이 미주(美洲) 등지에서 많이 발생하는 것으로 보고되고 있는데, 이는 아마도 하나님께서 주신 성스러운 성을 남용하는 데서 오는 대가가 아닌가 하는 생각도 든다.

요사이 우리나라에도 감염자가 발생했다는 신문보도는 모두를 놀라게 했는데, 어떤 사람이 성을 스포츠처럼 연다면 새겨둘 만한 일이다. 뭐 군이 성도덕을 말하려는 건 아니지만, 자신의 행복을 바란다면 미리 알아둘 필요가 있다.

우리는 여러 가지 면에서 미국을 모방하려는 현실에 있다. 그러나 이런 점에서는 미국의 성생활보다 우리 것이 더 훌륭하다는 견지에서 하는 이야기다. 혹시라도 현대화라 해서 자칫 잘못 인식한 분이 있다면 다시 깊이 생각해보고 아름다운 우리 문화 속에서 훌륭한 자기를 발견한다면 AIDS와 우리는 아무 관계없는 일로 돌려 버릴 수 있지 않을까 한다.

참고로 AIDS의 발생 검사단계를 알아보면, 첫 단계로 혈청검사 스크린 테스트(screen test)를 받고, 두 번째 단계로 정밀검사 엘리사 테스트(elisa test)를 받아 의심이 가는 환자의 혈청은 미국에 있는 AIDS전문검사소로 보내어 웨스틴 블롯(Western Blot) 검사를 받아 양성 여부 판명을 받게 된다.

설혹 양성이 아닌 음성인 경우라도 잠복기 5년이 지나면 다시 발병하는 확률이 10%에 달한다고 하니 이 무서운 병은 애당초 걸리지 않는 것이 해결의 열쇠다.

모유(母乳) 은행과 초유

모유 중에서도 초유는 꼭 먹어야 한다. 그것은 초유가 가지고 있는 특성 때문이다.

출산 직후 2~3일 후 나오는 맑고 노르스름한 초유에는 아기의 건강을 평생 지켜주는 영양분과 면역체가 들어 있으며 특히 아기의 소화기 계통을 말끔히 씻어주는 '하리성' 성분이 들어 있어 태변을 쉽게 보게 한다. 비록 적은 양이기는 하지만 영양분이 균형을 이루고 있기 때문에 아기는 초유만으로도 탈수되지 않으며 면역성이 있는 건강체로 자라게 된다.

실제로 초유는 '락토페린'이라는 성분이 모든 세균에 강한 면역체로 병에 걸리지 않게 하며 소화에 좋은 '아밀라아제', 그리고 발육에 필요한 '리놀산', 머리에 좋은 DHA 또 항암성의 'A락토알부민'이 있어 특히 초유는 꼭 먹이는 것이 바람직하다.

모유는 동물 것이 아닌 엄마가 자기 아기에게 맞게 만든 음식(영양식)이어서 날짜에 맞추어 나오기 때문에 과영양이나 영양 부족의 문제는 걱정할 필요도 없고 항생제는 지능을 떨어뜨린다는 보고가 있으니 주의를 요한다. 또 요즈음 모유가 잘 나오지 않는다고들 하는데 그것은 병원 분만을 했더라도 자주 빨려 억지로라도 유선을 통하게 노력하지 않았다는 증거다. 그러나 따스한 물로 마사지하여 유선을 풀어 주고 빨리는 어른들의 경험담에 귀 기울여야 한다. 모유는 아기 울음소리에 따라 달라진다고 한다. 자연의 순리를 알자.

미숙아를 분만한 산모는 젖이 제대로 나오지 않거나 나오더라도 분량이 모자라 우유를 대신 먹였다 하는데, 우유는 소화효소인 '아밀라아제'가 부족해서 제대로 소화를 시키지 못하고 지방산인 '리놀산'이 적게 함유돼 있어 정상발육에 지장이 있다. 그래서 요즘에는 젖이 모자라는 산모는 아기를 데리고 오고 젖이 필요 이상 나오는 산모는 귀중한 모유를 짜 버리지 않고 은행에 와서 맡긴다.

물론 모유를 채취할 때는 산모의 건강상태나 항생제 투여 여부 측정 등을 한다. 전염성 균이 옮겨지는 것을 방지하는 의미와 면역항체가 파괴된 모유는 가치가 없기 때문이다(수술을 받은 직후의 산모의 젖도 포함).

귀중한 초유와 모유가 거리낌 없이 버려지는 경우를 왕왕 보게 되는 것은 우리가 무엇인가 중요한 것을 잊고 있기 때문이라고 여겨진다. 여기서 한 가지 중요한 것은 제왕절개를 한 산모의 젖은 귀중한 초유임에도 불구하고 자기 아기에게 먹이지 못한다는 것을 지적하고 싶다.

그래서 요즈음 세계 도처에서 모유 먹이기 캠페인을 대대적으로 벌이고 있음을 보며, 앞으로 아기를 갖게 될 미혼여성들은 꼭 기억해 두었다가 초유를 버리게 되는 경우가 없도록 하는 것은 물론, 항생제를 맞거나 수술을 하여 초유를 못 먹이게 되는 경우도 없도록 주의하여야 하겠다.

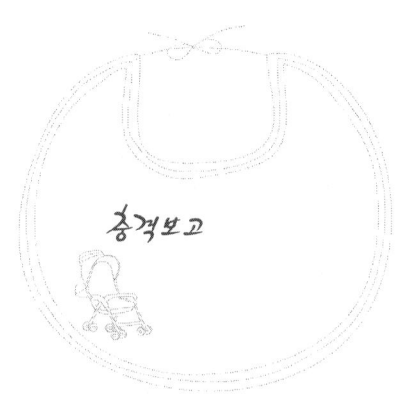

충격보고

하루 낙태수술이 1만 명, 그리고 미혼모의 30%가 낙태수술을 받았다고 한다. 출산경험이 없는 여성의 90%가 낙태수술을 하고, 특히 20대 여성들이 낙태수술을 많이 한다는 충격적 보고가 나오고 있다. 1980년대 중반의 인공유산 통계가 연간 70만 건 하던 것이 1990년대에 들어와서 150만 건으로 2010년대에는 250만 건으로 폭발적인 증가를 보이고 있다. 출산경험이 없는 젊은 여성 측의 이야기고 보면 간단히 들어 넘길 일만은 아니다.

서구화의 물결, 성 문란, 성 자유화의 바람은 과연 어디까지 갈 것인지 이것이 계속 발전할 수 있을 것인지, 일시적인 현상인지 모르나 한번 짚고 넘어가야 할 일은 출산이 끝난 여성의 입장에서가 아니고 아직도 출산의 임무가 남아 있는 여성이나 미혼여성 측에서이다.

생명의 발생은 남녀의 애정에서 출발하여 짝 지움에 성공하고 기쁠 때나 슬플 때나 평생을 같이할 보금자리에서 이루어지는 섭리이며, 성스럽고 기대되고 벅찬 감동의 순간에서 시작하여 열 달 동안 배 안의 무수한 진화를 무사히 넘기는 데서 얻어지는 것으로, 혹시라도 그 전의 어떤 원인은 자신이 바라는 때의 아기에게 아무 영향도 없는 것인지 하는 데서이다.

출산이 기대되지 않는 발생, 실수에서 생긴 임신은 그것이 인구 억제라는 시대적 요구에서 언제나 중절할 수 있다 해도 그렇다면 피임이라는 여러 가지 방법이 있는데도 불구하고 잘못하여 생명을 발생시켜 놓고 죽 떠먹는 것인 양 중절하는 행동은 뒤에 아무 영향을 안줄 수만은 없을 것 같다.

요사이 늘어가는 기형아, 저능아, 지진아, 선천성 질환의 발생도 그 원인이 밝혀지겠지만, 어떤 분은 낙태수술과 무관하지 않을 것이란 의견을 내놓는 것을 보면 이런 일은 불행을 예방하는 측면에서도 검토되어야 할 일이라 본다.

식량은 모자라고, 인구는 폭발하고, 21세기는 많은 생명을 죽여야 살 수 있나 보다. 전쟁사를 보면 과거의 역사는 매 20년마다 전쟁이 있어 많은 사상자를 냈으므로 인구조절을 자연적으로 했다는데 요사이는 전쟁도 사람을 죽이고, 영토를 빼앗는 것이 아니고 경제적이고 물질적인 것으로 바뀌었다. 많은 나라가 인구 억제정책을 써서 산아제한을 하기도 하고, 로마교황도 유산은 죄가 되니 자연피임법을 쓰라고 말씀하신 것을 안다. 그런데 불교 어느 종파에서는 만들어진 생명이 마구 죽어감에 따라 그 원귀가 돌아다닌다고 법회를 가져 죽은 영혼을 위로하는 운동이 서서히 태동하고 있음을 본다. 법회! 과연 우리는 어느 쪽을 택해야 옳을까? 인과응보라고 내가 만든 어떤 원인이 후에 나에게 아무 영향이 없을지 자못 궁금하다.

태교는 그 근본이 훌륭한 아기를 출산하기 위한 교육이나 이럴 때 옳은 판단을 할 수 있게 해주는 친구도 되리라 믿어진다.

돌이켜보면 임신중절이나 낙태나 살아 있는 생명을 끊는 것인데 중절을 할까 말까 하고 생각할 때 과연 태아의 느낌은 어떨까? "어, 나를 죽일까 말까 하는 것이야" 하며 "안 돼. 안 돼. 엄마 나 죽이지 마. 나 살고 싶어요!" 하지 않겠나 하는 어느 교육자의 말씀이 생각난다.

부부는 잘 의논해봄 직하고 부부가 아닌 남녀 간은 피임약 사용을 활용해보는 것도 현명한 선택이 될 것이다.

여성은 위대하다

여성이란 남성의 반대말이며, 가정살림을 맡아 하는 사람이라고 간단히 풀이할 수 있다면 좋겠지만 달리 표현을 하자면 매우 재미있다. 한문글자를 풀이해보면 女 자를 납작하게 毋게도 쓸 수 있다. 거기에 점 두 개를 찍으니 '母 어미 모' 자가 된다. 이 점 두 개를 젖꼭지라 하는데, 이는 생명의 어머니라는 뜻이다. 어느 문필가는 여성을 매우 신비스러운 존재라고 했으며, 또 어느 예술가는 신(神)이 만든 것 중에 가장 걸작품에 속하는 예술의 극치라 했다.

그러나 나는 여성이 위대한 존재임을 밝히고 싶다. 어느 사람이 위(偉) 자를 바꾸어 밥통 위(胃) 자로 표현했는데 이도 맞는 말이다. 왜냐하면 남자는 식사 때 차려주는 밥만 먹지만 여자는 음식 준비할 때 맛보느라고 먹고, 상에서 같이 먹고, 또 설거지할 때 치우느라 주섬주섬 먹으니 위가 크지 않고서야 그것이 다 어디로 들어가겠느냐는 해학적 주석을 다는 것을 보았다.

그뿐 아니다. 아기를 가져 달이 차면 배가 불러 커진다. 옛글 한의학에서 관찰해보니, 여성은 경맥(혈)이 둘이라는 것이다. 남자는 하나만 있어 자신을 위한 역할을 하는 데 비해 여성은 둘이 있어 2×7=14, 14세가 되면 그 하나는 아래로 흘러 월경이 시작되고, 결혼하고 임신을 하게 되면, 그것이 가운데로 올라와 태내의 아기를 먹여 키운다고 하며, 280일 후 출산을 하게 되면 다시 위로 올라와 젖으로 화한다는 것이다. 이렇듯 여성은 원천적으로 좀 다르게 형성되어 있는 것을 알 수 있다.

남녀동등권은 사회의 지위나 대우에 관계된 말이나 그보다는 모든 사람의 창조자로서, 존경받는 어머니의 월계관을 소유한 존재로서의 임무나 가치가 더욱 소중하고 중요한 것이 아닐는지? 남성은 아무리 해보려 해도 잉태할 수 있는 재주는 없기 때문이다. 소우주(小宇宙)를 잉태할 수 있는 신비하고 오묘한 자궁의 소유자, 세계를 움직이는 남성도 창조해내는 어머니는 바로 여성이다. 이 기능은 오직 여성에게만 있는 능력이요, 권리인 것이다.

신이 부여한 고유의 기능, 생명이라는 소우주를 잉태할 수 있는 특수한 기능은 여성만의 전유물이다. 아무리 시험관아기가 생기는 시대라 해도 여성의 자궁이라는 궁전의 보살핌이 없이 인간다운 인간을 만든다는 것은 불가능한 일이다. 성인군자나 용맹스러운 장군도 모두 이 어머니의 자궁으로부터 형성되어 키워졌다. 이 궁전 속에서 장차 큰일을 할 수 있는 자질을 간직한 아기가 태어나게 되는 것이다. 과연 어떤 아기를 만들 것이냐 하는 것은 오직 여성의 마음가짐에 달린 문제로 행동 여하에 따라 아기는 훌륭하게도 못나게도 만들어진다고 하니 여성은 참으로 엄청난 임무를 부여받았다고 보인다.

어머니를 왜 존경해야 하느냐는 데는 이유가 없다. 성경에도 계명에 속한다. 자기를 낳고 키우는 데 얼마나 어려움이 있었는지 아는 사람은 없다. 오직 자신을 훌륭하게 만드느라 애쓰신 데 대한 고마움을 잊지 않는다는 의미만으로도 충분하다. 자신이 자기 애를 키울 때는 부모를 공경하는 태도가 교육 이상의 교육이라는 것, 팔만대장경에도 실려 있음을 볼 수 있다.

뒤웅박 팔자

　요즈음은 남녀가 평등시대요, 여성의 권리가 여러 각도로 발전하
고 있어 이건 호랑이 담배 먹던 때의 이야기가 아니냐 할지는 모르지
만 그래도 여성문제를 별도로 다루자니 문득 이 말이 생각나 제목으
로 뽑아본다.

　우리나라 옛말에 '여자 팔자 뒤웅박 팔자'란 말이 있다. 바꾸어 말
하면 여자는 결혼할 때 남자를 잘 만나야 한다는 표현이다. 그런데
남자 입장에서 보면 남성도 마찬가지다. 더욱이 시대가 바뀐 지금은
남녀평등, 레이디 퍼스트 등 여러 서구풍습이 들어와 여성은 남성보
다 더한 감싸줌을 받는 편이 아닌가 하고 착각될 때도 있다.

　요사이 여성들은 고등교육과 더불어 많은 사람이 직장을 다닌다.
핵가족시대라 하여 결혼하여도 시부모를 모시지 않는 사람도 늘어났
다. 모든 것이 여성 위주로 발전하지 않나 하는 생각이 든다. 세탁기,
냉장고, 인스턴트식품, 자가용, 컴퓨터 등 많은 것들이 새로운 패턴의
여성 위주, 여성 편의의 시대로 발전한다. 그러나 한 가지 잊지 말아

야 할 일이 있다면 아기를 훌륭히 낳지 못한 여성에게서 행복이 무너지는 경우를 종종 보게 된다는 사실이다.

지난해 선천성 심장병과 정박아, 지진아, 미감아 등 잘못된 아기들의 원인을 조사하기 위하여 이런 아이들을 수용하고 있는 병원, 학교, 학원 등을 순회하며 알아보니까 자칫 실수하여 잘못된 아기를 출산한 엄마들은 된서리를 맞고 있음을 볼 수 있었다. 알고 보면 원인은 별것이 아니었다. 임신 중 병이 나서 약을 복용했다던가, 아기에게 좋다는 보약을 먹은 일, 혹은 돈벌이가 중요하여 몸을 돌보지 못해 약간의 과로나 신경을 쓴 것뿐인데, 이것이 그런 엄청난 생명의 잘못됨이 될 줄이야! 그러나 결과는 그리 간단한 것만은 아니다. 행복은 깨어지고, 부부는 헤어지고, 자식을 위하여 학교나 병원에 매주 들러 보살펴야 하는 어려움을 겪어야만 했다. 그뿐 아니다. 이런 여성들은 어처구니없는 이 결과에 대해 아무 할 말이 없었다. 오직 눈물과 탄식으로 자신의 잘못을 뉘우칠 뿐 속수무책이었다. 그저 이런 학교에 수용시킬 수 있는 것만도 다행이라 생각하고 앞으로 닥칠 운명에 순응하고자 했다. 자신의 행복이나 불행은 강 건너 불 보기로 돌아볼 생각조차 하지 못하는 입장이 되어 있었다. 어찌해서 내 팔자가 이렇게 되었을까 해봐야 다 지난 이야기로, 한순간의 어떤 실수가 이런 엄청난 결과를 낳을 줄이야! 그래서 여자 팔자 남자를 잘 만나는 데 있으나, 자식도 잘 낳아야 하는 시대가 아닌가 생각된다. 훌륭한 어머니, 존경받는 어머니란 말은 여성만이 갖는 이름이기 때문이다.

여성은 왜 자궁을 갖고 태어났을까, 여성은 왜 월경을 해야 하나 등 이상한 의문은 꼬리를 문다. 그러나 아무도 대답 못할 천부적인 이 상태는 여성만의 체질 특성이요, 생명의 성체라는 의미로 종지부를 찍는다. 그러나 끝나지 않은 여성의 특징은 구심적, 감성적, 직관적이라는 곳으로 또는 단세포적이고 독점욕이 강하다는 쪽으로 몰고 간다.

그뿐인가? 월경 때에는 신경질적이요, 본능적으로 생명의 잉태 욕구가 있는 것으로 표현된다. 그러다 보니 소우주라는 생명을 잘 만들 수도, 잘못 만들 수 있는 역할의 권한이 있는 것도 무시하지 못한다.

은장도나 정조대는 필요 없는 시대라지만 번성과 풍요를 창조하는 여신과도 같은 존재라는 것은 부정하지 못한다. 그러고 보니 여성은 참으로 위대한 존재이며 그래서 멀리 타향에 있던 자녀(설혹 고아로 헤어졌든)를 꼭 찾아보고 만나고 싶어 하는 존재인지도 모른다.

아무리 훌륭히 된 사람이라도 후에 물으면 자신의 뒤엔 어머니가 계셨다 하며 어머니를 신 바로 밑에 존재하는 인물로 받드는(존경) 것을 본다.

인간의 고향은 어디인가?

너의 고향이 어디냐고 물으면 일반적으로는 자신이 출생한 곳인 경상도 어디다, 충청도, 전라도 어디라고 지명을 말한다. 그러나 여기서 묻는 고향은 발생학의 입장에서 인간이 시작한 곳을 의미한다. 아늑한 곳, 돌아가고 싶은 곳은 과연 어디일까? 얼마 전까지만 해도 우리는 엄마의 품을 연상했었다.

태어나서 느끼기 시작한 포근한 곳은 따뜻한 엄마의 품이며, 필요한 것을 위해서도 엄마의 품은 늘 기다려주고 감싸준 곳이어서 우리는 엄마의 품을 고향같이 느꼈다. 그런데 요사이 새로 나온 이야기로 이곳은 의식 속의 고향이라고 하는 말이 나오는 것을 보면 우리는 또 다른 무의식 속의 고향이 있다는 것을 생각하게 된다. 바로 발생학적인 혹은 태생학적인 의미의 고향인 자궁을 지적하고 있는 것이다.

태중의 아기는 아무것도 모르는 생명체로 여겼던 과학도 요사이 태아는 무지하지 않은 존재, 신비하게도 엄마가 생각하고 느끼는 대로 따라 감동하며 형성되는 존재로 희로애락을 같이하고 있다는 연구보도가 된 것에서도 일소해 버릴 이야기는 아닌 것 같다.

태아는 양수 속에서 유영을 하며 쿵쾅쿵쾅 들려오는 엄마의 심장 고동소리를 들으며 자신의 심성, 감성을 형성해 나간다. 무한한 무의식의 세계에서 출산의 시기까지 필요한 기관(심, 폐, 비, 간, 신)을 하나하나 완성하며 열 달 태중생활을 한다.

그런데 인간이 살아가는 동안 가끔 이상한 느낌이 들 때가 있다. 생전 보지도 듣지도 못한 어느 순간에서 참 희한하게도 언제인지는 몰라도 전에 알고 있었던 것 같은 혹은 경험한 것 같은 감을 종종 느끼게 되는데 아무리 생각해도 잘 기억이 안 된다. 심령학이나 초능력을 연구하는 사람들은 이것을 무의식의 세계에서 경험한 연상이라 하는데 사실 엄마의 태중에서 있었던 일 혹은 들은 것, 느낀 것이 이렇게 기억되기도 한다는 것이다.

또 목욕이나 수영을 하기 위해 물 속으로 들어갈 때도 보라. 이상하게도 익숙하며 편안하며 좋은 감정을 갖게 되는 것은 인간이 자궁 속에 있을 때 양수라는 물속에서 시작되었기 때문이라 한다. 이렇게 볼 때 인간의 고향은 과연 어디라고 해야 할는지?

따뜻한 엄마의 품과 따뜻한 양수 속, 이곳은 둘 다 외면할 수 없는 인간의 고향이다. 하나는 의식 속의 고향, 또 하나는 무의식 속의 고향이라 할 수 있겠다.

우리는 세 가지 씨앗을 갖고 산다

사람은 세 가지 씨앗을 갖고 살아간다고 한다.

약간 형이하학적인 표현이 될지는 몰라도 사실을 파헤쳐 보니 맞는 표현 같기도 한데, 그 첫째가 마음씨요, 둘째가 말씨요, 셋째가 솜씨다.

첫 번째 마음씨가 가장 중요한 것으로 이것이 고와야 얼굴도 예뻐지고 피부도 고와지고 모든 일이 순조롭게 잘 풀리게 된다고 한다.

둘째는 말씨인데 이것도 무시할 수 없는 만큼 큰 비중을 차지하는 것으로, "남아일언 중천금"이라고, 말 한마디가 돈 천 냥의 값어치라니 중하지 않을 수 없고, 남자를 움직이는 여자의 속삭임 또한 그 무게가 얼마나 되는지 헤아릴 수 없다. 어린이로부터 학생, 어른, 노인에 이르기까지 모든 사람들은 말로써 소통하게 되어 있어 기쁨과 슬픔, 괴로움과 화남이 모두 이 말로써 이루어지니 이때 표현되는 말씨는 매우 중요하다 하겠다.

셋째로 꼽는 솜씨 또한 두 가지 못지않게 중요한 것으로 이것을 실천적인 기능이라든가 기술이라고 할 수 있을지는 몰라도 남자와 여자가 사용하는 데는 구별된다. 남자가 직장에서 일할 때 사용하는 것은 기능이며, 여자가 집에서 사용할 때는 음식 맛을 내는 데 필요한 재주라는 것으로 이 맛 솜씨가 없는 여성에게 장가를 들면 자연히 외식하는 습관이 늘게 됨은 당연하다.

옛날 어느 부인은 음식솜씨가 어찌나 좋았는지 남편의 친구들에게서 칭송이 자자했다. 어느 날 그 솜씨가 얼마나 대단한지를 시험하기 위해 나무토막 한 개를 갖고 가서 술안주를 부탁했더니 얼마 후 술상을 차려왔는데, 그 나무토막을 자르고 찢고 하여 무치고 다지고 양념을 했는데 코를 진동하는 냄새며 먹음직스러운 모습에 침이 절로 나와 훌륭한 술안주가 됐다는 이야기가 있다.

이 이야기는 우리 가정에서 장성하는 딸들에게 음식 솜씨의 필요성을 가르치는 지혜의 이야기다. 이렇듯 솜씨도 빼놓지 못할 중요한 위치에 있다.

넷째, 맵시는 여성이라면 예나 지금이나 마찬가지로 중요시하는 품성인가 보다. 남성의 눈을 끌지 못하는 여성은 시집도 못 갈 형편이니 당연하다 하겠으나 여기서 지적하는 여성의 맵시는 옷을 잘 입는 자태보다 아기를 얼마나 잘 낳을 수 있느냐는 자태와도 연결된다. 한복을 잘 입어 치렁치렁 휘날리는 멋도 멋이려니와 치맛자락에 숨은 풍만한 여성의 몸매도 남성을 유혹하기 안성맞춤이다.

그러나 뭐니 뭐니 해도 인간의 발생이라는 측면에서 볼 때는 첫 번째의 마음씨가 가장 중요한 것으로, 이는 그 인간의 품성(품격)을 만드는 기본이 되는 것이므로 이것이 잘못되면 정신적, 육체적으로 모두가 문제를 일으키는 원인이 된다는 점에서 소외될 수 없다. 이것은 마치 식물의 씨앗과도 같아 품성의 원천이요, 근본이요, 바탕이다.

고로 여기서 이야기하고자 하는 것은 소우주라는 생명을 잉태할 여성, 임신할 여성은 모름지기 마음씨를 훌륭히 가져야 한다는 이야기로 착한 마음, 정성스러운 마음, 남을 위할 줄 아는 마음, 나를 위하는 마음으로 태를 만들고 키워야 된다는 말이다.

질병이란 인간을 괴롭히는 병이다. 그런데 이상하게도 동물엔 질병이 없다고 한다. 왜 그럴까? 참 이상하다. 알고 보니 동물세계에는 약육강식은 있어도 미워하는 습관은 없다는 것이다. 질병이란 글자를 풀이해보면 '미워할 질' 자로, 인간사회에서 남을 미워하는 데서 얻게 된다는 것으로 건강한 태아를 원한다면 마음씨로부터 바로 하여야 된다는 것으로 이색적인 표현도 된다.

그러면 그 마음씨란 어떤 것인가? 지나가다 물에 빠진 사람을 보면 무슨 생각이 드느냐 할 때 우선 "아! 저 사람을 구해야" 한다는 생각이 나기 마련인데, 이것은 순수한 마음에서 우러나오는 것으로 환경과 교육으로 다져진 마음이요, 자신의 옷이 젖지나 않을까 걱정하는 마음, 수영을 못한다는 핑계 또는 남이 좀 도와주기를 기다리는 마음은 삶을 살아가는 동안 생긴 가냘프고 간사한 또는 의협심이 없어진 세속적인 생활에서 우러나온 인간적 마음이다. 이렇게 여러 가지로 설명되는 마음씨 중에 과연 훌륭한 태교의 마음씨는 어떤 것일까?

어머니가 신경질적이면 애가 마르고, 어머니가 무관심하면 아기는 우둔하다. 1년 내내 서 있는 나무도 밤에만 물을 끌어올리듯이 필요한 때 필요한 마음씨를 써야 한다. 지혜로우면서도 중심은 바른 마음씨, 즉 움직이지 않는 것 같으면서도 움직이고 움직이는 것 같으면서도 항상 움직이지 않는 그런 마음씨이다. 바른 마음씨에서 옳은 정기가 나오고 옳은 기운에서 영특한 아기가 나온다는 것을 알아두자.

금젖, 은젖, 개젖

세상에 생겨 아직 아무에게도 밟혀지지 않은 곳이란 뜻으로 처녀
지란 말이 있다. 수풀이 우거졌는데 처녀림이라 하면 아직 인적이 없
었던 곳을 말함이요, 동굴을 처음 발견하면 처녀동굴, 아직 사람이 올
라보지 못한 산은 처녀봉이라 한다. 그런데 인간에게 처녀라는 말이
얼마나 값진 말인가를 젖에 비유하여 표현한 말이 있으니, 이것이 금
젖, 은젖, 개젖이다.

너무나 원색적인 표현이라 할지 모르겠으나 이런 명언이 우리 풍
습에는 잘 표현되어 있으니 해학적으로 음미해보는 것도 무가치하지
는 않을 것 같아 풀이를 해보면, 아직 아무도 근접하지 않은 처녀의
가슴은 그 가치가 금덩어리와 같이 귀하고 귀한 것으로 높이 평가되
고, 남성의 살이 스쳐간 젖은 값이 떨어져 은값이 된다고 하며, 아기
를 낳고 난 다음 아기에게 빨린 후는 그 값이 더 떨어져 개 값이 된다
는 뜻이다.

그런데 여기서 규명해야 할 일이 있다. 아기에게 빨리면 개 값이

된다 하여 우유나 먹이고 안 빨린다면 그건 이 뜻을 잘못 이해하는 데서 오는 망발임을 밝히고 넘어가야겠다. 실제로는 설혹 개 값으로 떨어지는 한이 있어도 사랑하는 아기에게는 꼭 물려 모유만이 갖고 있는 병의 면역, 필요한 만큼의 영양분(과소도 과다가 아닌)을 주고, 건강하고 영특하게 자랄 수 있도록 따뜻한 사랑을 주어야 한다.

"우유는 어미 소가 새끼 소에게 주는 것이 아니냐?"는 강의가 있었다는 것을 음미해볼 필요가 있다.

다만 여기에서는 젖이 개 값이 되는 일이 있어도 자기의 분신인 아기를 건강하고 훌륭하게 만들었다는 의미에서 존경받는 어머니가 된다는 '밀알의 거름 이야기'나 모든 인간이 누구나 어머니를 고마워하고 받들고 언제나 자신의 고향으로 생각하는 이유가 된다. 그래서 이 경우는 새싹을 위한 역할이라 하여 더 높은 훈장을 받게 되는 것이다.

그러나 중간에 은의 경우는 좀 애매하다. 자기가 좋아하는, 영원한 사랑을 약속한 사람이나, 결혼하여 검은 머리 파뿌리 되도록 같이 살아갈 자신의 남편에게 맡겨진 일이라면 모르되 성 개방이라 해서 문란한 생활로 아무에게나 맡긴다면, 과연 이는 무엇을 위한 가치하락인가? 그뿐 아니라 정신적, 육체적 변화를 보면 날마다 달라진다고 하니 우리의 전통풍습에 새로운 면을 발견하게 된다.

요사이는 서구풍습이라고 무조건 따르려는 사람도 없겠지만 이런 빛나는 용어가 우리 풍습 속에 있다는 것은 알아둘 만하다. 기왕에 금값으로 만들기까지 오랜 세월 간직했던 신비의 보물, 어느 누구에게 허락하게 될지는 몰라도 꼭 허락할 수 있는 사람에게 허락함으로 해서 변하지 않는 금, 영원한 약속의 표상이 되기까지 값이 허물어지지 않기를 바라는 마음에서 인용해본다.

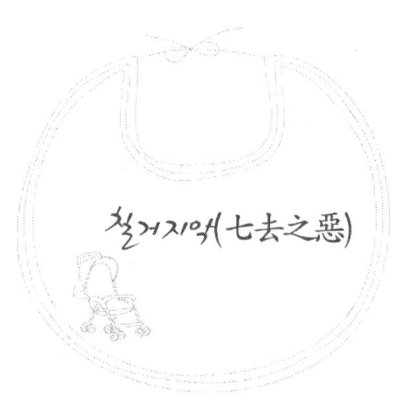

칠거지악(七去之惡)

현대 사회에서 칠거지악을 이야기한다면 좀 돈 사람이거나 미친놈의 잠꼬대 정도로밖에 생각하지 않을 것이다. 폐쇄적 사회의 악습으로 여성에게는 끔직스러운 수칙(守則)이었다고 말할 것이다.

개방된 사회, 남녀평등 사회, 성 문란까지 횡행하는 사회에서 칠거지악이 뭐 말라비틀어진 소리냐 할지는 모르나 선진화된 사회로 간다는 시대의 문제들이 혼미를 몰고 와 이야기하던 중 돌이켜보니 그것을 다 버릴 것만은 아니었다고 하는 데서 논의의 대상이 되었다.

언제부턴가 우리는 외국 것이라면 무조건 사는 버릇, 좋아하는 버릇, 답습하려는 버릇, 모방하려는 버릇으로부터 우리 것과는 비교도 해보지 않으려는 버릇까지 생겨 줄기차게 받아들였다. 삶의 3대 기본 요소라고 하는 의생활, 식생활, 주생활에 있어서도 어지간히 바뀌었다. 그뿐 아니다. 언어, 문화, 관습까지도 따라가다 보니 가랑이가 찢어질 정도가 되었다. 그러던 중에 다행히도 외국 것 자체의 잘못됨이 슬슬 발견되고 보니 자기 것에 대한 고찰을 하기 시작했다.

이런 연유에서 칠거지악도 재검토해볼 필요가 있다. 사실 칠거지악의 중요한 부분인 가문을 위하는 질서, 훌륭한 대를 잇기 위한 훈육(訓育), 남편을 출세시키기 위한 노력은 개화한 시대, 개명한 사람일수록 더 잘한다. 현대 사회에서 자기를 위해 주지 않으면 무조건 이혼이다 뭐다 하는 유행적 사조에 비하면 꼭 나쁘다고 하기에는 오히려 본받을 면이 엿보인다.

인간을 개개인의 입장에서 보면 다 자기만이 옳은 것 같다. 그러나 60평생을 놓고 연대별로 쪼개 보면 그 생각은 그 연대에만 맞는 생각일 수도 있다. 더 커 보면 달라질 수도 있다는 말이다. 그렇게 볼 때 자기가 아무리 옳다고 생각하는 것이라도 선배, 선인들의 말을 귀담아들을 수 있다면 그것은 금상첨화(錦上添花) 격이 될 것이다.

그런 과정에서 칠거지악을 살펴보니 ① 불순구고(不順舅姑), ② 무자(無子), ③ 음행(淫行), ④ 질투(嫉妬), ⑤ 악질(惡疾), ⑥ 구설(口舌), ⑦ 도절(盜竊)을 들었다.

①의 불순구고는 현대 의미로 고부간의 갈등을 말한 것으로 현 사회에도 적용될 수 있다. 시부모를 공경하지 않고 죽음으로 빠뜨리는 일이 어찌 잘된 일이라 할 것이며, ③의 간음 행위는 세상을 어지럽게 하는 요체임은 다 아는 사실로 간통죄가 폐지된다 해서 아무하고나 간음을 한다면 그것이 과연 좋은 가정, 바라는 사회가 될 수 있을까? ④의 질투, 시기 등은 여성의 애교로 생각할 수 있으되 역시 해결 방법에 있어 현명한 방법을 찾지 못한다면 현대라고 나을 것이 없다. ⑤번의 악질이 몹쓸 병을 말하는 것으로 현대는 의학의 발달로 그 의미가 다소 변하긴 하였지만 유전질환, 악성 고질병을 갖고 있는 사람을 며느리로 택하긴 그리 쉽지 않다. ⑦의 도절은 도벽 혹은 도둑질

하는 성품으로 그런 사람은 예나 지금이나 인간 이하의 대접밖에 받을 수 없는 것은 마찬가지이다. 여기에 ②번 무자나 ⑥번의 구설은 시대의 변천에 따르면 된다고 보나 혹 삼대독자요, 사대독자인 집에서는 손을 보지 못하면 싫어할 것은 당연한 일로서 현대는 입양이라는 방법을 택할 수도 있겠고, 구설도 말 좋아하는 여성의 재미있는 말을 지적한 것은 아니라고 보며, 말을 잘못하여 큰 싸움을 일으키거나 집안의 큰 화를 가져오게 하는 일은 언제나 문제의 대상이 될 수 있다고 본다.

이렇게 볼 때 칠거지악이 뭐 꼭 나쁜 것이라고는 보이지 않으며, 다만 실천방법에 있어서 책임을 오직 여자에게만 돌렸다든가, 여자를 쫓아내는 구실로 삼았다는 점에서 다소 문제가 있으나 이는 현 사회에서 문제의 대상의 될 수 없다고 볼 때 칠거지악을 배척의 대상물로만 여길 필요는 없다고 생각한다.

어느 의미에서는 성 개방이 성 문란으로까지 발전하는 현실에서 현대화해 가르칠 수 있는 본보기일 수도 있다. 아무 규범도 없이 결과만을 갖고 잘잘못을 나무라기보다는 오히려 발전시켜 전달할 때 우리의 고유문화는 아름답게 빛날 수 있다.

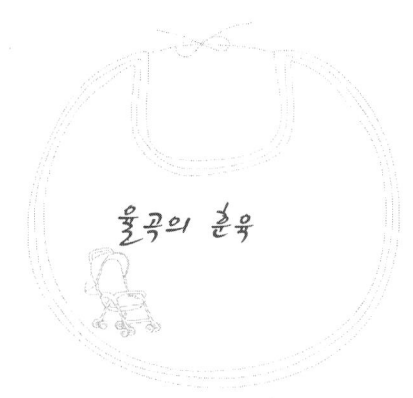

율곡의 훈육

　훌륭한 문헌이나 역사적 고증을 게을리한 사람의 입장에선 혹 그렇게 생각될지는 몰라도 태교라는 우리 문화는 세계에 자랑할 만한 생명문화요, 환경론인데도 불구하고 너무 외국의 것에 의존해서 그런지, 예의지국사람이라 그런지, 과학의 뒷받침이 없어서 그런지 자기 것을 비하하는 겸양을 지킨다. 하기야 좀 더 기록된 문헌이 맥을 이어 자료가 되고 세밀하게 분석, 연구가 이루어졌다면 얼마나 좋으랴! 그런 중에도 일부에선 태중교육과 태교를 혼동하고 민속, 풍속에 의존한다. 산속(産俗), 산전속, 기자속이니 하는 말은 지방마다 있는 습속인데 혹이라도 속설이란 말로 잘못 와전되어 남의 다리 긁는 식의 이야기가 된다는 것은 떳떳치 못한 일로서 이제부터라도 정리되어야 할 것으로 여긴다.

　현대과학은 이 연구가 시작되었고 잘못된 원인을 분석, 연구하다 보니 여기에 도달하고 있다. 예전엔 어느 나라 것이건 다 속설이란 것을 면키 어렵다. 다 그런 속에서 오늘이 있게 되지 않았나 한다. 이제 발전된 유전공학, 생명공학이 연구를 깊이 하다 보니 이것을 무시할 수 없게 되었고 잘못된 원인이 여기밖에 없다는 쪽으로 기우니 우리는 이것을 중요시하고 과학과 연결하려는 것이다.

좀 더 연구를 해보면 속설이란 표현 이상의 것도 있다. 율곡의 성리학에서 제자들과의 문답한 내용에 "그렇게 하면 어떻게 되는 것입니까?" 하고 물으니 율곡은 서슴지 않고 "태교는 소지자(小知者)를 중지자로 만드는 것이며 중지자를 대지현인(大智賢人)으로 만드는 것이다"라 하였고 그 말도 부족하여 "그럼 대지자는 무엇이 되는 겁니까?" 하고 물으니, 율곡이 답하기를 "그렇게 되지 않을 사람을 그렇게 되게 하는 훈육(訓育)이다"라고 말하였다 한다. 여기서 보면 이것이 속설의 의미를 갖는 것이라고는 보이지 않으며, 구주나 동양의 다른 나라에도 훌륭한 분들의 배후에는 늘 이와 같은 이야기가 있는 것에서도 태교는 속설의 의미와는 구별되어야 한다.

과학이 아무리 첨단을 걷는다 해도 완전무결할 수 없듯이 태교도 계속 연구발표가 필요한 것이다. 현시점에서 요것이 꼭 요거라는 답만을 요구한다면 그것은 오히려 학문을 불확실성의 늪으로 몰고 가는 오류를 범하는 것으로 오해받기 쉽다. 오히려 우리 것을 너무 자세하게 풀려고 했던 데서 항목나열이 많았던 것이 아닌가 느껴지며, 와전된 속설은 스스로 정리하는 쪽으로 진일보해야 옳다고 본다. 그렇게 하여 우리 문화가 더욱 빛을 발할 수 있을 것이다.

객관적으로 보면 정치도 그렇고 문화, 사상, 생활습관, 사회규범, 성생활, 예절문제도 다 변하고 있다. 절대란 말 외에 절대란 있을 수 없듯이 이것도 절대로 꼭 그렇다는 등식은 성립될 수 없다. 확률상의 문제요, 다른 대안은 없다고 본다. 혹이라도 발전된 방향을 찾다가 "임신 중엔 그저 잘 먹는 것이다"라고 잘못 유도되는 것을 볼 때 이것은 훌륭한 아기, 건강한 아기, 영특한 아기를 낳고자 하는 기원에 위배되기 때문이다. 어찌 비만아가 건강한 아기며 영특한 아기가 된단 말인가? A와 A′는 비슷할 수 있으나 A와 B는 엄연히 다른 것이다.

태교도 하나의 교육이라면 방향만이라도 옳게 잡아야 한다. 태교를 안다는 사람이 발생 쪽은 보지 못하고 육아 쪽에만 노력하는 것도 부족한 것이며, 태교는 생육(生育)교육으로 시작부터 잘 되어야 하는 것을 잊지 말자. 보다 나은 삶을 위하여 보다 나은 자손을 낳는 교육, 이것이 살아 있는 교육이요, 태교가 아닐는지……

인간은 낳은 결과를 놓고 논평할 수는 있으되 실험용 도구로 삼을 수는 없기 때문에 구체적인 임상결과는 어렵다. 그러나 그렇다고 마치 속설인 양 하는 우(愚)는 범하지 않는 것이 현명하다. 이제는 태교가 과학으로 입증돼 의학계나 물리학에서도 관심을 기울이고 연구가 활발하다. 과학적 동물실험이나 의학적 임상실험도 계속되고 있으며, 사업하는 사람들은 이거다 하고 태교상품에 열을 돌리고 있다. 뿐만 아니라 치료학회에서는 예방적 치료방법에 연구를 거듭하고 있다. 모름지기 인간은 태생적(선천적)으로 잘 타고나야 한다는 데로 의견을 모은다.

제3장

유전과 환경

DNA와 환경영향설

한동안 인간발생에 관해서는 유전설이나 우생설이 우위였다. 그러나 요즘 인자접합을 발전시킨 DNA(탄산, 리보핵산)가 밝힌 것을 보면 잘못된 인자접합은 애초부터 사산이나 유산의 위험을 갖고 있으며, 만에 하나라도 그 생명이 유지되어 탄생하게 되면 그 아기는 선천성 기형이 되는데, 그 원인으로는 약물 혹은 다른 환경의 영향임을 입증했다. 그러므로 인간발생에 관한 한 '태아는 유전인자보다 모체 안팎 환경이 결정'이라는 환경설을 주장하기에 이르렀다.

여기의 환경이란 임부가 280일 동안 먹고, 보고, 듣고, 생각하고, 느끼고, 행동하는 일체를 말하는 것으로 동양에서 말하는 태교와 같음을 확인한다. 여러 가지 경우에서 유전적 요인이라 할 수 있는 부분은 막상 20% 내외에 속하며 약 70% 내외가 환경적 요소요, 나머지 10% 내외는 기타로 아직 정확히 밝혀지지 않은 부분으로 결론지음을 볼 수 있다.

미국에서는 이것을 태생학이나 발생학의 측면에서 다룬다고 하며,

호주에서는 의학적 측면에서, 스칸디나비아반도의 노르웨이, 덴마크 같은 나라에서는 사회보장적 측면에서 다루고, 일본에서는 음악과 호흡의 측면에서 다루고 있으나, 요사이는 컴퓨터나 마이크로카메라를 이용하여 의학, 과학에서 태아의 신비를 연구하고 있는 실정으로 현재까지 많은 것이 밝혀졌다.

이 모두가 태아와 환경에 관한 연구로 훌륭한 아기를 낳기 위한 우리 문화 속의 태교도 과학적 입증을 받기에 이르렀다.

'아인슈타인'은 일찍이 "물리학은 자연의 역학적 요소를 규명, 제어하고 수학적 모형을 창출한다. 그런데 원자와 우주본질에 관한 연구를 깊이 하다 보니 신비라 하던 동양철학에 닮아가고 있음을 느낀다"고 했으며, '카프카'는 『현대물리학』, 『물리의도』라는 저서에서 각각 「신과학운동과 동양사상」, 「현대물리학과 동양사상」이란 내용의 새로운 과학과 문명의 전환을 말했다.

이것은 동양의 음양설과 일맥상통하는 것으로 마음이나 의식의 차원을 문제 삼고 전체에서 부분으로 향하는 '인과율'이라 주장하며 우리 생활은 어머니 품속 같은 환경영역이어야 함을 설파하고 있다. 이와 같이 동서양의 문화는 서로 접근하고 있다. 신비스럽다고만 여기던 동양철학을 서구의 물리학자들이 읽는 데 몰두했다는 이야기에서도 태아의 영향설과 태교의 공통점을 발견하게 된다.

유전과 지능설형 그리고 환경

지능이 유전이냐, 아니냐 하는 것은 많은 학자들의 연구대상이었다.

유전을 깊이 연구한 '멘델'(1822~1884)은 법칙까지 절대유전을 들고 나왔으나 그 내용은 외형과 색채를 두고, 특히 동물과 식물을 실험대상으로 한 것으로 전해진다. 그러므로 이것은 인간의 지능과는 별개의 문제다.

수년 전 베네수엘라의 장관을 지낸 분은 지능은 부모를 닮지 않는다는 논문을 매스컴을 통해 발표한 일이 있었다. 그러나 그보다 생명공학을 연구하는 많은 과학자들로부터 밝혀진 바에서 절대유전과 환경의 영향설이 구분됨은 확실해지는 듯하다.

즉, 절대유전은 색깔, 크기, 모양 등으로 신체의 부위를 들어 설명하면 이빨, 머리카락, 눈동자, 손, 발가락의 모양과 크기가 이에 속하고, 지능은 아니라는 것이다. 그러면 훌륭한 집안에서 훌륭한 자손이 나고 변변치 않은 집안에선 역시 자녀들이 잘못되거나 둔한 머리가 나온다 함은 무슨 연유일까?

그것을 증명하기 위해서 뉴욕의 빈민가에 흑·백인이 함께 사는 곳을 찾아 알아보았더니, 백인도 흑인 속에 묻혀 살다 보니 흑인과 같아진다는 것을 알았다. 다시 말해서 노벨물리학상을 받은 미국의 과학자들이 흑인과 백인의 지능(IQ)을 조사해본 결과 백인의 평균지능은 101.8인 데 비해 흑인의 평균지능은 80.7로서 약 20의 차이를 나타냈으나 흑인도 백인 속에서 경쟁하며 자란 사람에게서는 100에 가까운 지능지수를 나타냈다는 것이다.

지능은 절대유전은 아니고 부모로부터 어느 정도의 영향을 받으나, 보다 큰 부분은 생기며 자라나는 동안의 주위환경, 보고 듣는 것과 가르침을 받는 데에서 온다는 것을 밝히고 있다.

그러므로 부모는 농부라도 자녀는 훌륭한 학자가 될 수도 있고 또 노동자의 자손이라도 훌륭한 기업가나 군인이 될 수 있는 것이다. 고로 훌륭한 자식을 원한다면 가능한 한 태내에서부터 준비하는 것이 좋다.

미국에서는 유전의 법칙과 우생학을 증명하기 위해 막대한 비용을 투입하여 '고성능 정자은행'을 만들어 이 실험을 위한 연구기관을 세웠다. 이는 수백 년 된 인간의 궁금증을 풀어줄 과제이기도 한 것으로 언젠가는 풀어야 할 문제요, 핵심을 파헤쳐 원천적인 규명을 하지 않으면 안 될 시점에서 1980년부터 연구가 시작된 것이다. 그것은 높은 지능을 가진 아버지의 정자를 받아 높은 지능의 어머니에게 임신시키는 '천재아 시험관아기 출생계획'이다.

미국 캘리포니아 주 에스콘디도의 '노벨수상자 정자은행'이라는 곳에서 현재까지 20명의 이런 아기가 출산되어 자라고 있고, 또 17명의 아기가 임신 중에 있다. 그런데 이렇게 해서 태어난 아기들의 자라는 모습을 계속 추적, 조사한 결과 의외에도 아직 이렇다 할 증후가 보이지 않고 있다는 것이다. 현재 3세가 된 '도린'은 심리학자 '블레이크'의 아들로 IQ 130의 여인의 몸에서 태어났으므로 음악과 수학에 뛰어난 과학자의 지능을 보여야 함에도 불구하고 2세가 되기 전에 실시한 말 배우기 훈련에서 4세 수준의 말하기 테스트를 한 결과, 별로 만족할 만한 결과를 얻지 못했다는 것이다.

식당에서 엄마의 커피에 설탕을 넣어준다거나 하는 일은 있었으나 그것이 곧 지능이 높은 아이라는 증거는 되지 못할뿐더러 유치원에서 하는 용변가리기 훈련에서도 잘 적응하지를 못했다.

그리하여 지적(知的) 우성은 나타내고 있지 않음이 밝혀졌고, IQ 200이 넘는 '아드린느'의 딸 '틴드라'는 생후 10개월밖에 안 되었으나 음악적 감수성이 뛰어나 TV 프로그램을 흉내 내기도 하고 장난감자동차를 운전하는 등 18개월 된 아이들의 장난하는 능력을 보이고는 있으나 전반적으로 다른 아이들보다 지능이 우위에 있다고는 단정하지 못했다.

1921년 심리학자 '루이스터맨'이 IQ 135가 넘는 아동 1,500명을 대상으로 조사, 분석한 결과에서도 나타났듯이, 일반적으로 지능이 높은 배우자끼리 결혼하는 경우는 많으나 그들의 자식들이 IQ가 그리 높지 않으며, 실제로 IQ가 높은 아이들이 자라서 학문적인 성취의 성공률을 보일 가능성보다는 자신이 뛰어나기 위해 하는 노력의 지구력과 성취욕에 기인하는 경우에서 성공 확률이 훨씬 더 높다는 연구 보고를 엿볼 수 있다.

결국 이런 아이들이 높은 지능의 아이들인가에 대하여도 더 두고 보아야 할 일이지만, 지능이 부모를 닮지 않는다는 일부의 이론과

DNA과학이 환경설을 주장하고 있는 점에서 결론짓듯이 역시 태어나서는 육아가 중요한 것이며 태어나기 이전은 태교밖에 없다는 과학적 입증에 보다 많은 연구가 기대된다.

이렇게 현대과학은 인간의 생명발생과 유전과의 문제에 깊은 연구를 하고 있다. 생명체가 어떻게 이루어지는가를 연구하는 발생학 그리고 세포생물학과 분자생물학의 발전과정을 연구하는 태생학으로 연구되고 있다.

그리하여 배(胚)의 세포가 어떻게 활동하는지, 발생한 태아는 어떤 영향을 받고 자라는지를 연구하여 몇 가지를 밝히고 있다. 여기서 살펴보면 수정된 난자는 자궁에 착상하여 첫 주에는 분열세포가 구형(球形)을 이룬다는데, 그 안에는 부분 세포군이 있어 이것들은 얼마 후에 심, 폐, 배, 간, 신의 내부기관을 형성하게 되고, 외부세포들은 피부나 입의 신경계통을 형성하고, 중간세포들은 혈액, 근육, 골격이 된다.

각층의 세포들은 처음에는 잘 구별할 수 없으나 화학적 변화를 일으키고 있음을 알 수 있다. 그 후 6주 동안에는 가장 복잡한 기동으로 사람의 형태를 만들어 나아가는데 3주 말이 되면 태아는 길이가 8mm의 축소판 인간의 신비로운 모습을 나타내며, 6주에는 눈이 먼저 형태를 갖추고, 7~8주에는 비로소 얼굴모습이 된다. 8주가 넘으면 거의 모든 내부기관은 자리를 잡으며, 2.5cm의 태아는 조직, 용모 등 기관의 95%가 형성된다.

의학에서 임신 초기가 중요하다고 하는 점은 바로 이 때문이며, 태교에서 임신을 빨리 감지해야 된다고 하는 것도 바로 이 때문이다. 이때의 잘못 복용한 약물이나 언행에서 잘못된 자극 등은 태아에서 아주 큰 영향을 주게 된다. 발생학에서도 유전인자의 역할이 실제로 동물이 되는 발전과정과는 거리가 멀고 배는 자궁 밖 세계의 영향을 받는다고 했다. 또 배는 세포의 형태를 결정하고 세포가 잘못된 영향으로 자신의 정체를 취한다면 이는 환경의 영향에 대응하지 못하여 기형의 원인이 될 수도 있다고 하는 점이다. 이른바 '코끼리병'이라는 신경계통의 기형아는 관세포가 환경의 영향을 잘못 받았을 때에 오는 결과라고 말한다.

이렇듯 환경의 영향은 지대한 것이며, 환경의 영향에 잘 대응하지 못한 화학적 변화는 여러 가지 잘못된 결과를 가져올 수 있다는 것으로, 초기의 인체형성과정에 중요한 것은 무엇보다도 환경으로, 내적·외적환경이 모두 태교의 가르침과 연관되고 있음을 새겨두어야 할 것이다.

유전설은 퇴보, 환경설은 발전

오랫동안 우리를 지배했던 유전설(인간은 좋은 유전이라야 훌륭한 아기를 낳을 수 있다)은 점점 퇴보하고 있다. 그렇다고 원천적으로 좋은 유전인자가 없다는 말은 결코 아니다. 단지 인간이 잘되고 잘못되는 데 필요한 문제들이 유전 아닌 다른 데에 기인하고 있다는 것이다.

불가사의한 고대의 많은 유물들이 발견되고 있고 수수께끼 같은 인류문명의 흔적들이 세계 곳곳에서 발굴되어 간다. 식물에서도 좋은 씨앗을 기름진 땅에 심었다 해도 잘 가꾸지 못하면 소기의 결실이 어렵듯이 인간은 많은 환경적 요소에서 영향을 받아 형성, 발전하고 있음이 현대인의 분석이다.

발생으로부터 태아기 그리고 출산과 유아기의 환경은 인간형성에 있어 매우 크고 중요한 일로 지적되고 있다. 아기는 그저 낳아 키우면 되는 것이 아니고 시발점인 발생으로부터 좋은 환경, 옳은 환경, 적합한 환경을 만들어주지 않으면 후에 아무리 공을 들여도 어렵다.

아주 쉬운 예로, 서울대학교에 수석으로 입학한 학생들을 보라. 그

학생의 집이 남달리 부유해서 그렇게 되었다는 말은 별로 없다. 가정은 평범하고 돈은 없어도 배움에 정진한 옳은 자세와 끈기 있는 노력이 그를 수석이라는 명예를 안게 해준 것이다. 그의 아버지나 어머니를 보라. 그분들이 특수한 유전인자를 전해주었다고는 보이지 않는다. 그런 사람은 따로 있다. 그러나 그런 사람들 중에서도 유별나게 수석을 하였다는 것은 다름 아닌 노력하는 자세, 즉 환경이었던 것을 곧 알게 된다. 그러므로 이 환경을 내·외적 환경으로 구분하여 전자는 자기와의 싸움이요, 후자는 주위의 여건이라고도 한다. 그래서 인간은 환경의 지배를 받는다고 했는지도 모른다.

이런 환경의 영향은 태내에 있는 아기, 즉 태아에게도 적용된다. 원초적으로는 발생할 때의 환경으로부터, 임신 후의 태내환경에서는 특히 초기의 영향과 열 달 동안의 삼갈 일 그리고 적극적으로 대처할 일 등을 말하는 것이다. 출산에 있어서도 유행적 의술에 잘못된 혜택(?)을 받는 실수를 미연에 방지하고 올바른 분만으로 섭리에 따라 하는 것 등은 아는 것을 올바르게 알고 있는 지식이나 지혜의 판단에 있다 하겠다.

사회는 변하고 식생활도 변했다. 우리는 많은 약물을 복용하며 산다. 피로할 때나 머리가 아플 때, 배가 아프거나 질병이 있을 때는 익숙하게 약물을 이용한다. 뿐만 아니라 부지불식간에 늘어난 소음, 매연, 분진 등의 공해 속에 생활한다. 바삐 움직이고 경쟁적인 일에 대처도 해야 된다. 이런 환경의 상황변화 속에서 태아에게 필요한 환경은 무엇일까? 태아는 스스로 요구하는 환경이 있다. 그것은 정서적인 환경이요, 사랑이 충만한 환경, 좋은 것을 전달하는 환경이다. 그것을 맞추어 주는 것이 곧 태아를 훌륭히 성장하게 하는 요소로 필요조건인 것이다.

학자들의 주장

● 윌리엄 하비(1578～1667): 영국의 외과의사

수탉과 암탉이 협력하여 알을 낳는다.

계란은 수탉이 없으면 부화되지 않으며 암탉이 없으면 처음부터 아무것도 존재하지 않는다.

● 존 로크(1612～1704)

아기는 '타부라 라사', 즉 아무것도 쓰이지 않은 흑판과 같은 백지 상태이다. 그러므로 거기에 엄마의 교육과 경험을 토대로 아기는 만들어지는 것이니 아기의 운명을 정하는 것은 엄마의 환경이다.

● 멘델(1822～1884): 유전설 제창자

유전은 절대, 결정적이라는 주장을 했다. 그러나 환경의 영향이 더욱 중요한 것은 환경이 변함에 따라 유전성을 변화시킬 수 있기 때문이다. 즉, 백지에는 어떤 그림이든 그릴 수 있듯이 인간발생 초기의 교육은 그 효과가 뚜렷하다.

● 프로이드(1856~1939): 그의 나이 42세 때

결혼생활에 있어 부부의 성욕과 아기를 만든다는 것과 따로 떼어서 생활할 수 있는 시기가 곧 올 곳이다. 이것은 인간이 자연의 속박으로부터 해방되는 것으로 자연에 대한 보다 큰 승리가 될 것이다. 그러나 동양에는 벌써부터 구자법에 대한 교훈이 있었다.

● 루소

그의 저서『에밀』에서 같은 조건하에 태어난 두 마리의 개를 각각 다른 환경, 즉 한 마리는 농부의 손에, 한 마리는 사육사에게 길러지도록 하였더니 농부의 손에 길어진 개는 우둔한 개로, 사육사의 손에 길러진 개는 명견으로 각각 자라났다. 이것을 생득적 조건이라 한다.

● 페스탈로치

두 마리의 말로 생득(生得)적 조건을 루소와 같은 방법으로 시험했더니 같은 어미에게서 태어난 두 마리의 망아지가 한 마리는 비렁말이 되고 다른 한 마리는 준마가 되었다. 그래서 후천적 환경조건도 중요하다고 했다.

● 왓슨(20세기): 사회과학자, 행동주의 심리학자

체험심리학을 주장, 더욱 발전시켰다. 유년시대의 경험은 자랄 때 옆에 있었던 사람들의 영향에 의하여 그 소질이 결정된다. 일정한 유전적 소질과 함께 미지의 가능성으로 태내에서도 어떤 영향을 받을

것이다. 불행한 유년기는 일생 영향을 받으며 지나친 과보호 어린이
도 평생 자신을 시험해볼 용기 없는 아이가 된다.

● 몽타아구

임신환경이 좋지 않은 경우에 출산한 아이에겐 신경과민이 많다.
모체의 정서혼란은 태아의 신체 및 심리적 이상의 원인이 되는 화학
적 변화를 일으켜, 임신 10주까지의 정서혼란은 언청이를 낳을 수 있
고 7~10주엔 두개골 발달이 잘못될 수 있다고 실험 보고한 바 있다.

● 스폴트

태아는 외부세계의 소음에 반응(反應)한다.

뉴욕의 빈민가에 사는 아이들을 대상으로 IQ(독해력과 잠재력) 조
사를 해본 결과 3학년은 1년이 뒤졌고, 6학년은 2년, 중학생은 2년 반
이 일반적인 학생보다 뒤졌다. 이는 환경의 중요성을 실감케 하는 조
사결과였다. 또한 흑인과 백인의 지능지수검사에서 인종보다 환경의
우위를 확인했으며, 뉴올리언스에 사는 가난한 여성들을 조사해본 결
과 임신의 경우를 모르는 사람이 많았다. 우리 속담에 "돈이 많은 사
람은 돈을 만들고 가난한 사람은 아이를 만든다"는 말이 있다.

● 자노브

태아의 뇌리에 기록된 불쾌감이 정도를 넘으면 노이로제증상을 일
으킨다.

● 스마트

임부의 불안과 고통을 남편이 이해해주고 자신감을 갖도록 도와주며, 또한 절제까지 하여야 훌륭한 아기가 탄생한다. 오스트리아의 의학계는 임부의 정서 카테고리에 대한 임상실험에서 태아에게는 무엇보다 임부의 정서가 가장 중요하다고 보고하였다.

● 폴리스 카파토스: 하버드대학교

생명의 신비를 연구하는 가운데 발생학은 금세기 이래 가장 극적인 시기에 와 있으며, 이제 우리는 생명의 발생과정을 규명할 수 있는 도구를 갖게 됐다. 기형아가 생기는 원인으로부터 나아가 진화에 관한 새 해답을 열게 됐다.

● 블랙: 코넬대학교

진화론의 입장에선 놀라운 일이나, 배(胚)는 격리된 저장소에 갇혀 있지 않고 모체의 환경변화에 영향받는다.

● 제임스 레스터: 오리건대학교

태아는 진화론이나 유전적 차원보다는 세포와 세포질 사이의 문제다. "태아는 환경변화에 영향받아 세포의 형태를 결정한다."

● 토마스 버니: 토론토대학교

『태아는 알고 있다』를 저술, 모자 유대의 생리학에 기초하여 "태아는 어머니 마음을 그대로 받아들인다"라고 했다.

● 스페리: 1981년도 노벨상 수상자

「대뇌피질의 역할에 관한 연구」로 많은 석학들의 연구를 뒷받침하였다. "뇌의 발달은 어릴수록 좋다. 할 수 있다면 태아 때부터 하는 것이 영재의 지름길이다"라 하고, 우뇌는 사고를, 좌뇌는 분석과 계산을 하는 역할이니 어느 쪽의 발달이 좋으냐는 각자가 결정할 문제이나 제일 좋은 방법은 좌우가 고루 발달되는 것이라 하였다.

● 도미니크 퍼플러: 스탠퍼드대학교

"출생 직전의 태아의 뇌파는 태어난 아기의 뇌파와 거의 똑같다"라고 하여 종래의 학설을 뒤엎었다.

● 일본의 구로오카

「아름다운 태내음을 통한 태아의 환경 조성」이란 연구로 음악적 태교를 권장, 동경 FM TV 정규방송으로 태교음악을 방송했다.

● 런던 선데이 타임스: 「엘리트 베이비」에서

영재아는 부모의 재능을 닮는 것이 아니다. 아기의 재능은 엄마가 만들어 주어야 한다고 하고 있다. 르네상스시대의 과학자들은 수태의 순간에 태아의 모습은 이루어져 있는 것으로 생각해왔다. 그리고 유전자는 그런 요소일 뿐이라고 했다.

용모 훌륭한 어린이가 공부도 잘한다

미국 펜실베이니아 주의 주립대학교 연구팀에 의해 밝혀진 연구보고서에서 용모가 잘생긴 어린이가 못생긴 어린이보다 공부도 잘하고 운동도 잘하며, 나아가서는 친구들과도 사이좋게 지낸다고 밝히고 있다.

이 보고서에 의하면 초등학교 학생 130명을 대상으로 연구를 해보니 행동양식에 있어서는 각자의 자아의식이나 기질 또는 성적(性的) 발육 상태보다도 용모의 수려함이 더 큰 역할을 하는 것으로 나타났다. 또한 학부모들도 이 사실에 공감하고 있다.

그래서인지는 몰라도 세일즈맨을 많이 고용하는 모 업체에서는 세일즈맨들의 용모에 치중하여 못생긴 형의 세일즈맨은 용모를 정형하도록 종용하고 있다는데, 그것이 대인관계의 접촉에서 기가 죽거나 억지 판매활동이 아닌 자신만만하게 세일활동을 할 수 있는 조건이라 한다.

현대생활은 격심한 판촉활동에 있고 거기서 승리해야만 기업은 성공한다고 온갖 노력을 하고 있으나 원천적으로 분석해보면, 태교를 모르는 사람들의 현실 위주의 졸속행동이다. 태교를 오래 실천해온 우리로서는 예전부터 이것을 알고 있었다. 인간의 용모는 태내에서 이루나니 잉태로부터 열 달, 태중의 언행에 조심하고 고집스럽게도 좋은 것만 골라 하려는 태교를 잘하면 억지 정형수술 같은 것은 필요치 않다. 태교를 잘하면 성품, 용모, 기질이 훌륭한 아기는 자연히 탄생하기 때문이다.

그러면 우리 조상들은 어떻게 용모가 훌륭한 아이를 낳게 했을까? '용모는 유전에 속하는 것인데……' 하고 생각할지도 모르나 그렇지는 않다. 사실 태교를 열심히 권하고 실행토록 하며 많은 금기사항까지도 철저히 지키도록 한 것을 보면 그것을 알고 있었기 때문이다. 현실적으로 용모는 유전에 속하나 임신한 여성이 훌륭한 성현을 존경하고 그분의 글이나 그림을 좋아하고, 그분을 닮은 아기를 낳겠다는 굳은 결의가 되어 있다면 얼마만큼은 그분을 닮은 아기를 낳게 된다는 건 여러 나라 어머니들의 태교결과에서도 엿볼 수 있다.

여기서 해석상의 지혜를 짚고 넘어갈 것은 닮는다는 의미가 꼭 사진을 찍은 것과 같다고 생각해서는 안 된다. 닮는다는 것은 Recopy가 아니다. 세계 인구가 45억이라도 똑같이 닮은 사람은 한 사람도 없다는 데서 그 의미를 잘 해석해주기 바란다.

굳이 설명을 하자면 비슷하다든가, 좀 닮았다든가 해도 이 범주의 의미는 된다고 해석할 수 있다. 또 열심히 태교를 했다 해도 그 정도 측정은 기준이 없다. 그러므로 편하게 생각하고 도달할 수 있는 데까지 도달하면 어느 정도 성공했다고 할 수 있다. 과학이 첨단을 걷고는 있지만 해가 지나면 헌 물건, 헌 이론이 되어 수정해야 할 것과, 더 발전시켜야 할 것이 자꾸 발견되는 것을 본다. 절대라든지 수학에서 1+1=2라는 공식적인 사고는 그 자체가 비과학적이라는 생각과 같다.

그렇다고 수지부모한 자기 용모를 마구 성형이라도 하라는 이야기는 아니다. 뭐 꼭 필요해서 성형을 해야 될 사람은 그럴 수 있을지라도 그건 어디까지나 현실적인 일이요, 필요불가결한 일이라 할지는 몰라도, 그것이 후손에게는 이어지는 일이 아니라는 데 생각해볼 일이다. 의학이 주장하는 70%의 유전이란 바로 이런 신체적 유전인 것이다. 검은 머리는 검은 머리대로 황인종은 황색으로, 눈이 큰 사람, 작은 사람 그런대로 유전하는 것이므로 정형으로 고친 것도 유전한다는 뜻은 아니다.

임신 중 부부싸움 뇌 발달 저해

"부부싸움은 칼로 물 베기"라는 말이 있다. 성격차이에서 오는 것, 욕구불만에서 오는 것, 가치관의 차이에서 오는 것 등 여러 가지 유형이 있으나, 임신 중의 부부싸움은 태내의 아기를 반응이 둔한 아기로 만들 수 있다는 과학적 보고가 나오고 있다.

부인이 임신 중에 부부싸움을 자주 하거나 혹은 자주 짖는 개를 집안에서 기르는 가정에서 태어난 어린이는 소리와 빛의 자극에 극히 민감해져 자기의 진정능력이 적어지고, 눈으로 물체를 따라가며 보는 방향반응도 둔해진다고 현대의학은 지적하고 있다.

1985년 일본 후생성이 발표한 바에 의하면 임신부와 태아의 상호작용을 음향환경의 영향이라는 면에서 추적해본 결과 이상과 같이 나타났다고 연구결과를 내놓았다.

여기서 우리는 주관적인 자신의 감정적 소리는 물론이요, 객관적인 소리, 즉 개가 짖는 소리도 엄마의 귀를 시끄럽게 울릴 때는 태아에게 영향을 미치고 있다고 본다. 자동차의 클랙슨소리, 공장, 철공소의 시끄러운 소음 등은 모두 임부에게는 나쁘다. 그러나 한 가지 지혜로움이 있다. 어쩔 수 없이 그런 환경에서 생활하는 직장여성의 입장에선 그냥 방관할 일만은 아니다. 여기서 피치 못할 때에 극복해야 할 지혜가 있다고 말하는 학자가 있다. 이것이 스스로 헤쳐 나갈 수 있는 지혜이다.

가령 집이 기찻길 옆에 있어서 늘 기차소리가 난다고 하자. 이럴 경우, 기차소리를 시끄럽다고만 생각하지 말고 어떤 멜로디로 생각해 보라는 것이다.

"칙칙폭폭, 칙칙폭폭, 기차소리 요란해도 우리 아기 잘도 잔다" 하는 노래가 있듯이 '그때 이런 노래를 불러 시끄러움을 돌리는 지혜로움은 스스로가 찾을 수 있지 않겠나?' 싶다.

가령 부부싸움을 하는 중에라도 현명한 임신부라면 스스로를 억제하며 화가 나 있는 남편에게 "우리 아기 지금 진화 중이에요"라고 부드럽게 말머리를 돌려보라. "어, 그래. 그렇겠군" 하며 남편도 한 걸음 뒤로 물러나 부부싸움은 끝나게 되지 않을까 한다. 하지 말아야 할 일과 극복해야 할 일 등은 임신부의 지혜에 속한다. 즉, 자율적이며 능동적인 대처가 현대적 의미의 태교방법이다.

기형아 저해요인 조사

　연세대학교 의과대학 권 교수가 조사한 바에 의하면 서울에 거주
하는 수유부의 모유를 수거 조사하여 분석한 결과, 환경오염에 의한
태아손상의 가능성이 높다는 것이며, 인간의 생식기능에 영향을 미치
는 수은, 납, 카드 ABA과 청량음료수나 식품의 첨가물이 기형아의 원
인으로 나타나고 있으며, 신생아를 조사한 결과로 장기나 태반에서도
검출되고 있어 놀라움을 더해주고 있다.

　사망한 신생아 32명과 태어난 26명의 심장, 신장, 비장 등에서 중금
속이 검출되었는데, 심장에서는 철이 g당 41.15마이크로그램, 신장에
서는 철이 g당 42.25마이크로그램, 간장에서는 철이 g당 68.67마이크
로그램, 비장에서는 철이 g당 56.29마이크로그램으로 이러한 환경오
염 이외에도 임신부의 관리 소홀도 지적되고 있다.

　또 송 교수는 임신 13일부터 56일까지의 임신 초기가 가장 중요한
시기인데, 이 시기에 임신 여부를 모르고 복용하는 약물에 저해요인
이 있다고 경고하고 있으며, 한의학 박사인 김 교수도 임신 중의 스

트레스나 동물성 지방의 과잉섭취, 염분의 과다사용, 반대로 비타민C 와 E, 칼슘 그리고 식물성 식품의 섭취 부족 등은 혈액을 탁하게 하여 혈류장애를 일으키는 원인이라 한다.

이처럼 문명발달에 역수반하는 정신적 타락은 태아를 똑똑하고 건강하지 못하게 하는 원인으로 미리미리 조심해야지 '태어나면 늦다' 라고 결론지음으로써 태교의 중요성은 더욱 강조된다.

또한 식량증산을 위하여 뿌린 농약이 생태계를 파괴하고 있다는 것은 모두 아는 사실이지만, 여기서 굳이 이야기하고자 하는 것은 과학도 생명 발생에 관한 한 아직 멀었다는 것을 알기 쉽게 하려는 것이다.

엄마에게 좋다는 약이 잘못된 아기의 원인이었다면 책임은 엄마가 지는 건지, 약방에서 지는 건지, 여러 차례의 방송에서도 지적했듯이 책임질 수 있는 사람은 아무도 없다. 오직 아기를 낳은 엄마가 그 고통을 짊어질 수밖에 없는 것이다. 그러니 자신의 판단력이 부족한 여성은 판단력부터 키운 다음 결혼에 임했으면 한다.

어떤 피자에서는 정신경화증을 일으키는 톨루엔이 발견됐다는 것이며 환경호르몬(다이옥신)이 쓰레기소각장, 오염된 물고기와 부패된 음식에서 살모넬라균, 리스테리아균이, 또 어패류에선 비브리오균이 나와 우리를 경악하게 했으며 잘못 알고 쓰는 살 빼는 약, 어떤 여드름 치료제 등이 기형적인 원인으로 지적되고 있는 것을 안다면 가임 여성들은 함부로 남이 좋다니까 써보려는 우는 범하지 말아야 할 것 같다.

기형아 예방

기형아 출산이 증가한다는 추세는 임신부뿐만 아니라 결혼을 앞둔 젊은 여성들에게도 출산공포를 느끼게 하는 문제로 확산되고 있다. 이러한 두려움은 비단 우리나라뿐만 아니라 미국의 경우 1980년대에 2.7%에서 1990년대에는 4.8%로 배가 증가했으며, 서구에서도 3∼6%의 증가추세이며, 우리나라는 3∼8%의 증가율을 보이고 있다.

이것을 평균치로 잡아 보면 100명당 2명 이상이란 수치가 된다. 원인은 명확하지 않으나 유전에서 오는 것은 그리 많지 않고 산업화에 따른 심한 환경오염, 약물남용이 주범이며 성 문란에서 오는 감염, 갈등, 스트레스 등을 빼놓을 수 없다. 경희의료원의 기형아 조사에서는 감기약이나 항생제 사용에 문제가 많았으나 요즈음은 보약 쪽에서 많은 원인이 발견된다고 한다.

그럼 이런 것은 예방이 불가능한 것인가? 그렇지는 않다. 얼마든지 예방이 가능하다.

우선 첫째로, 임신을 전후하여 약물복용에 유의할 것, 둘째, 임신을 속히 확인할 것, 셋째, 영양분의 과잉섭취를 피할 것(영양제, 비타민류)이며, 넷째는 보약을 복용하고 싶으면 임신 전에 할 것 등을 염두에 둠이 좋다. 다섯째로 불가피한 경우는 의사의 지시에 따르는 것이며 그보다도 더욱 불가피한 경우는 미리 예방하려는 노력이 요구된다.

임신한 여성의 신체는 초자연적으로 일어나는 모든 일에 잘 적응, 대처할 수 있도록 조직되어 있는 신비로움이 있다. 그럼에도 불구하고 소홀하거나 실수로 인하여 무엇이 가해졌을 때 이상이 생긴다고 하니 미리미리 조심하고 준비하는 태세를 갖추어 나가야 하겠다.

가임여성, 또는 출산을 원하는 여성의 경우는 늘 월경을 체크하는 데 게을리하지 말아야 하며 조그만 이상이라도 예의 관찰하고, 이상이 있으면 즉시 의사의 진찰을 받도록 하며 태기가 확실하면 언행이나 섭생 그리고 특히 병에 걸리지 않도록 유의해야 한다.

그렇게 한다면 약이 무엇에 필요하며 근심, 걱정이 왜 있겠는가? 기쁨과 기대, 정서적인 온화한 생활환경에서 아기는 잘 자랄 것이다.

보약과 기형

대부분의 선천성 기형아는 염색체가 잘못 짝지어지거나 부모의 유전적인 요소에 그 원인이 있다는 것이 종래의 학설이었다. 그러나 유전자나 염색체와는 관계없는 환경요소에 좌우되어 기형아가 생긴다는 요즈음의 새로운 학설은 우리에게 큰 충격이 아닐 수 없다.

약 10% 이상의 기형아가 약물이나 화학물질, 방사선 접촉으로 생기며 전체의 60%를 차지하는 다인성(多因性) 유전질병의 원인이 환경인자의 역할이라는 사실이 그 의미의 폭을 더해준다.

특히 하루에도 수천만 개의 새로운 형질의 세포로 불어나는 분화기의 태아에게 미치는 환경요소는 일반에게 주는 해독(害毒) 작용보다도 훨씬 예민해서 임신 초기의 석 달간은 염려되는 어떠한 환경요소에도 그 접촉을 피해야 한다는 원칙이 서게 된다.

① 대다수의 유산이 임산부의 건강과는 관계가 없다는 사실
② 한약이고 양약이고 간에 임신 중 복용은 극히 신중해야 된다는 것
③ 특히 보약이라도 그것이 태아에게 좋다는 판명이 나지 않는 한 복용을 피하는 것이 더 좋다고 하는 것은 많은 원인이 여기서도 발견되고 있기 때문

S 씨의 경우 아기가 7~8개월이 되어도 앉지를 못하고, 두 살이 넘었는데도 아빠 소리를 내지 못했다. 병원에서 염색체 검사와 아미노산 분석 등 할 수 있는 검사는 다 해보았으나 뚜렷한 원인이 밝혀지지 않았다. 그러다 결국 알고 보니 보약을 복용한 일이 있었는데 거기에 원인이 있었다는 것이다.

약물이나 환경요소가 유발하는 태아의 기형작용만큼 원인이 많고도 가려내기 힘든 분야도 없을 것이다. 혹 신체의 주요 부위의 구조적 이상으로 나타나면 몰라도 지능이나 정신이상으로 나타나면 원인분석이나 평가가 더욱 어려워지므로 미리 조심하는 수밖에 없다. 보약도 약이라면 태아에게 확실히 좋다는 판명이 나지 않는 한 삼가는 것이 훨씬 더 현명한 일이다.

● 강수상(姜洙祥) 박사의 보고(美 러시메디칼스쿨대 교수, 유전학)

미국에서 보약(補藥)에 관하여 연구를 깊이 한 강 박사는 조국에 보낸 보고서에서, 임신 중 복용한 보약이 문제되어 연구를 해보니 임신

부를 위한 보약이 꼭 태아에게 같은 효과를 낼 수 없을뿐더러 잘못하면 오히려 나쁜 영향을 줄 수 있다는 것으로 확실한 근거 없이는 복용을 하지 않는 것이 더 좋다고 한다.

선천성 질환의 예방

선천성의 의미

천부적 혹은 저주적이라는 말은 실제로 선천성으로 고쳐야 옳을 것 같다. 그러면서 유전적 또는 환경적이라고 해야 한다. 그것은 과학의 발달, 의학의 발달이 첨단을 걸으며 불확실했던 문제들을 파헤쳐 놓았기 때문이다.

'선천성' 하면 일반적으로는 유전인 것으로 잘못 아는 경향이 있으나 실제로는 그렇지가 않다. 상당히 많은 부분이 환경적 원인인데 이런 것을 미리 알아두지 않으면 불행한 일이 발생할 수 있다.

선천성은 출생 전에 부모로부터 받은 유전적인 것과 환경적인 것으로 구분되는데, 유전적인 것은 정자나 난자의 염색체 안에 들어 있는 유전자를 통해 기형적인 원인이나 병이 전달된 것으로 염색체의 핵이 분열 및 결합하는 과정에서 염색체 수의 이상이나 형태의 이상이 생겨 발전된 경우를 말하는 것이고, 환경적인 것으로는 임신 시 또는 임신 중에 알게 모르게 발생하는 심신상태, 식생활, 약물남용,

감염증, 방사선 조사나 신진대사의 장애, 공해 등에서 얻어진 것 등이 태아에게 영향을 주어 발생과정이나 성장과정에서 잘못된 결과를 말한다.

그러나 여기서 유전적인 것을 다루지 않는 것은 태교와 무관할 뿐 아니라 원인의 20% 내외밖에 되지 않으며, 60~70%에 속하는 큰 부분이 환경적 요소로 태교와 직간접적으로 연관됨으로써 태교 관점에서 예방이 가능한 부분을 발췌하여 풀어 보려 한다.

발생요인 다섯 가지

① 자궁에 착상이 잘못되어 부실한 경우

식물에 있어서 과실의 꼭지가 부실하면 결실이 시원치 않다는 말을 인용하여 현대의학에서도 탯줄이 튼튼하지 못하면 영양공급이 부실할 수밖에 없다는 말과 같다.

또 과실 꼭지를 건드려 상하면 역시 결실이 부실한 것과 비교하여 임신 초기의 접촉이나 약의 복용이 태반을 건드려 태루나 유산의 염려가 된다는 의학적 견해와 같이 생각하면 좋겠다.

② 임신을 모르는 임부생활

태아의 하루 태중생활을 동물 진화과정에 비교해보면 엄청난 진화를 하는데, 이는 잉태된 것을 모르거나 태기를 소홀히 하는 임부생활(주의와 절제가 없는 행동, 심한 육체적 충격이나 피로, 격한 감정의 발산) 등으로부터 오는 영향을 들 수 있다. 가려 먹어야 할 음식을 가려 먹지 않는 것, 보고 듣는 것도 조심해야 할 일인데, 임신을 모르고 절제나 금기를 하지 않는 데 그 원인이 있다. 그래서 가임여성은 늘 월경일을 노트에 적어 놓고 체크하는 일이 중요하다.

③ 임신 초기의 중요성

임신을 느낀다 하더라도 그 초기의 중요성은 다시 강조되어야 한다.

임신 초기에 태아의 어느 부분이 언제부터 발생하느냐 하는 것을 미리 알고 있는 것과 모르고 있는 것의 차이는 매우 크다.

자궁에 착상한 후 14일경부터는 신경계통이, 15일경부터는 심장이, 20일경부터는 사지가 발생하는데 이때 좋은 영향과 나쁜 영향은 어떤 것인지를 알고 행하는 자세 등은 선천성 질환을 예방하는 방법이기도 하다.

막 생기기 시작한 태아의 심장 등이 잘 보호되지 않으면 혹 어떤 영향에 약하지 않겠나 생각해보자.

④ 약물 사용의 부주의

임신 중의 약물 남용이나 오용이 좋지 않다는 것은 너무나도 잘 알려진 사실이다. 그러나 아직도 확실히 인식하지 못하고 '이것은 보약이니깐 괜찮겠지' 혹은 '감기가 들었으니 감기약쯤 어떻겠느냐'고 복용하는 사람이 있기 때문에 그들을 위해서 첨가하는 것이다. 임신은 중요한 일로 가임여성은 미리미리 건강에 유의하여야 하며 임신이 되면 일체의 약을 멀리해야 하는 이유는 약물 복용의 해가 있기 때문이다. 임신 중 약물 복용은 90% 이상이 독을 복용하는 것과 같이 생각해야 된다. 혹시라도 모르고 복용하면 선천성 질환의 원인이 될 수도 있다.

보건복지부 조사(1995년 7월 통계자료)에 의하면 1994년 한 해 동안 선천성 이상 증세를 나타낸 환자 수는 1,914명으로 이 중 0세 미만의 질환자는 244명이며, 1~4세까지의 환자 수는 312명으로 발표되었다. 어떤 의미에선 이 아이들은 들볶이며 태어난 아이들이라 할 수 있다.

⑤ 세균성 감염

각종 세균성 감염은 어느 의미로 보나 임부에게는 나쁘다. 감염되는 것 자체도 그러려니와 그것을 치료하기 위하여 약물을 복용하는 것도 큰 문제인 것이다. 접촉에서 오는 것, 계절적인 것, 풍토(風土)적인 것이 있는데 여하간 많은 사람이 운집하는 데서 전염되는 경우가 많다 하니 임신과 연관된 여성들은 미리 이런 것에 주의를 해둘 필요가 있다. 심한 경우 유산을 하게 되고, 무사히 넘어가는 경우라 하더라도 후에는 선천성 질환의 원인이 될 수도 있다.

과학이나 의학에서도 분명히 가려내지 못하는 일이 비일비재하나 가능성을 포착하는 것을 보면 태교를 열심히 하는 쪽에서 예방 조치하는 것이 더 중요한 일이라 하겠다. 어떤 것은 이미 보균하고 있으나 발현하지 않다가 임신 후에 발현하는 위험도 있으니 미리 체크함이 좋다.

교합 시의 문제

부부가 성생활을 하는 것은 평범하고 늘 안전과 주의가 된 상태라 해도 무방하나 신혼여행지에서나 결혼을 약속한 사이라도 혼전의 성교는 어느 의미에서나 좋은 행위라고 할 수는 없다. 왜냐하면 잉태와 관련된 교합(성교)에는 여러 가지 정신적, 심리적, 신체적으로 좋은 조건과 그렇지 못한 경우가 있기 때문이다. 만약 좋지 않은 조건에서의 교합 시 이는 어떤 원인을 유발할 가능성을 내포하고 있다.

전통태교에서 교합 시의 금기(禁忌)를 보면 천기(天忌), 지기(地忌), 인기(人忌)라 하여 때와 장소, 심신의 조건 등으로 훌륭한 임신은 교합 시의 환경을 중요시하고 있다. 그런데 만약 잘못된 교합(성교)에서의 임신은 여러 가지 질환과 문제아의 원인이 되므로 여기 지적해둔다. 이것은 과학이나 의학에서도 충분히 거론되고 있는 문제이다.

여기서 선천성 심장병을 앓고 있는 환자의 어머니들을 대상으로 조사한 것을 적어 보면 다음과 같다(1982년 4~10월까지 3~4개 심장병원에서 아카데미 요원 조사).

① 보약, 녹용 등 복용(1~2개월째)
② 입덧이 심해서 멀미약 복용
③ 감기약을 먹었음
④ 하혈을 하여 약 복용
⑤ 몸(母體)이 허약하여 약 복용
⑥ 38세의 노산
⑦ 빈한한 가정의 아이들
⑧ 유전성

그 외에도 무통분만에 쓰는 약, 유산방지약, 피임약 사용 시의 부작용, 호르몬 주사나 구토, 입덧 약을 썼다는 사람도 간혹 있었다.

정서적 혼란

임신 초기의 정서적 혼란은 참으로 중요하다. '몽타구'의 설에 의하면 임신 1~10주 사이의 정서불안은 여러 가지 기형아의 원인이 된다고 하고 있으며, 영국 산부인과협회의 보고에 의하면 육체노동을 하는 임산부들의 출산에서 미숙아, 기형아의 출산율이 높다고 한다.

우리나라 의학계에서도 정신병원과 청소년 감화원에 수감된 사람들의 부모를 찾아 조사해보니 가정환경 쪽에 원인이 있었던 것으로 통계가 나왔는데, 의외로 임신 중에 놀랐다든가, 사고를 당했다든가, 싸움을 심하게 한 원인을 발견했다는 보고가 있었다. 이렇듯 정서는 인간을 만드는 데 중요한 것으로 이는 동서고금을 통하여 모든 학계가 공통으로 여기고 있다.

선천성 질환 예방

태교는 선천성 질환의 예방책으로도 중요한 부분을 차지하고 있다. 나쁜 것은 먹지 않고 보지 않고 말하지 않으며, 위험한 곳, 무서운 곳, 더러운 곳엔 가지 않고 행실은 가려 하고 삼가고 절제하는 것으로 정신적 스트레스, 심리적 갈등, 병의 감염, 공해의 오염, 약의 남용에 선천성 기형이 될 요인이 있으니 임부는 이런 것을 미연에 방지해야 된다.

우리 속담에 "도둑맞고 사리문 닫는다"는 말이 있다. 선천성 질환도 미리 예방하면 걱정할 것은 없다. 예방하는 데 해(害)는 없으니 미리미리 알아둘 필요가 있지 않겠는가?

심장은 언제부터 생기나?

수정란이 자궁벽에 착상하면서부터 2주가 지나면 심장 융기(형성되기)가 시작하고, 4주경부터 고동을 시작하며[특수장치로 심음(心音)을 들을 수 있다], 1개월이 되면 심장은 자신의 혈관에서 혈액공급을 시작하는데 이때의 심장박동은 어른과 비슷하다. 그리고 다시 2개월째에 접어들면 심장은 완전히 완성되어 혈액순환, 청정작업의 기능이 활발해진다.

심장의 기능
① 전신(全身)의 혈액순환
② 영양분 공급
③ 산소공급으로 체온 유지
④ 생적(生的) 영위(營爲)의 동력 제공
⑤ 신진대사의 산물을 체외로 배설
⑥ 탄산가스성 혈액을 체외로 보내고 산소를 체내로 가져옴

⑦ 소변성분을 신장으로 보냄

선천성 심장병의 종류

세별하면 200여 가지가 되지만(현대의서) 대별하면 48가지이고 유형별로 크게 나누면, 청색(靑色)증후군, 비청색증후군, 기타 증후군인 3가지로 나눌 수 있다. 그중 많은 것이 청색증후군으로 팔로(Follow)씨병이 70~80%를 차지하는데 이것을 다시 심실중격결손증, 우심실유출부폐쇄증으로 나누고 그 외로 관개존증, 협착증, 폐쇄부전증, 판막증, 협심증 등 많은 종류가 있다.

이러한 병들은 시기를 맞추어 수술을 해야 생명을 건질 수 있다니, 무엇보다도 이런 일이 생기지 않도록 예방하는 지혜가 더 중요하다 하겠다. 그런데 여기서 선천성이라는 심장병이 왜 생기나 알아보니 의학계에서는 유전적 원인을 18년 전 18%에서 당년에 16%로 내려갈 것이라 했다. 그 원인으로 과학이나 의학이 첨단을 걸으며 이것도 유전이 아니라고 밝혀지고 있기 때문이란 견해를 피력했다.

그러면 나머지 70~80%에 해당하는 원인이 무엇이란 말인가? 연구가들이 깊이 추적해보니 환경적인 것으로 나타났다. 그래서 각 증후군별로 이것을 분석하고 통계를 배제했으나 그 자체가 어려워서 여기서는 일단 임신을 전후한 여성들에게 심장에 해가 되는 일은 요주의할 것을 알려둔다.

환경적이란 말은 주변 여건이나 일상생활에서 생길 수 있는 행동반경이다. 언행, 섭생, 경악하는 일 등이 원인이 아닐까 한다.

한국 사람이 미국에 이주하여 살며 아기를 잉태하고 낳으니 고국에 있는 아이들보다 코가 좀 오뚝해진 것 같다는 말과, 서양 사람들이 동양에 와서 살면서 낳은 아이들의 코가 그리 높지 않다는 이야기가 있다. 이는 기후나 지질, 풍토의 영향을 받은 것이 아닌가 생각되며, 바닷가에 사는 어부들의 자손은 대개 이마에 주름이 많다는데, 이도 조수현상을 늘 보고 자랄 뿐 아니라 바람이 많이 불어 자주 찡그리는 데 그 원인이 있을 수 있다.

또 근처에 명산이 있어 늘 접하는 임부는 기상이 높은 아기를 낳는다 하는데, 정기가 서린 명산이란 따로 있는가 보다. 예로부터 좌청룡우백호(左靑龍右白虎)라고 사람이 죽어 묻히는 데도 명산 속의 좋은 자리를 택해야 산의 좋은 정기를 받은 맥(脈)이 전해져 후세를 정승으로 만든다는 이야기도 있다.

그러나 한 나라 안에 같은 산세, 같은 지세에 있건만 경상도에서 태어난 사람, 전라도에서 태어난 사람, 충청도, 강원도, 경기도의 사람이 약간씩 다른 것은 비단 말투에서뿐이 아니고 생김새에서도 쉽게 구별이 된다. 오랫동안 타향살이를 하다 보면 많이 달라진다고는 하지만 옛날엔 남남북녀(南男北女)라고 남쪽은 남성이 잘나고 북쪽은 여성이 수려했다는데 그것도 지질이나 풍토(혹은 물, 기후)와 아주 무관하지는 않을 것이다. 하물며 잉태 시의 환경에서랴!

역리학(易理學), 심령학(心靈學)을 깊이 연구한 분 중에 요즈음 신혼여행을 으레 호텔이나 여관에서 지내는 것으로 되어 있는데, 이것이 첫날밤의 부부동침으로 아기를 잉태할 성교라면 바람직하지 못하다고 하는 이가 있다. 이유를 물으니 여관(호텔)방이란 외관상으로는 몰라도 정신적으로는 그리 정결한 곳이 되지 못한다는 것이다.

사실 여러 사람이 드나들고 추한 일도 있을 수 있는 곳이니 이왕이면 고향산천을 찾아 일가 친척집에 부탁하여 새로 장만한 이부자리를 사용하는 것이 금상첨화(錦上添花)가 아닐까 하는 생각이 든다.

물론 시대가 변하고 있음을 모르는 바는 아니다. 그러나 만약의 경우 Honey Moon Baby가 생길 수도 있다고 하니 그런 경우를 두고 하는 말이다. '혹시라도 먼저 다녀간 어떤 사람의 나쁜 영혼이 머물러 있었다면……' 하는 우려가(심리학적 측면)에서 하는 말이니 꼭 주의하라는 의미는 아니며 옛 어른들은 이렇게까지 염려하시더라는 의미이며 이것은 단순한 여행이 아닌 생명이 생길 수 있다는 데서 보면 생명의 외경심의 지대한 관심표명이 아닐까 생각된다.

제4장

실험보고

이신과 불확실성

태교가 과연 미신인가 하여 미신이란 말을 국어사전에서 찾아보니 거기에는 미신을 '이치에 맞지 않는 것을 망령되어 믿는 것'이라고 적혀 있다.

그러면 태교가 이치에 맞지 않는단 말인가? 이는 어림도 없는 말이다. 아니 오히려 너무 자세하기 때문에 이것이 다 과학적으로 입증되었나 의심스러울 정도이다.

혹 태살 같은 것은 이상하게 여길 수도 있다. 가령 '갑자일 축시에 동쪽 창문에 가지 마라. 거기에는 태살이 끼어 있다' 하는 구절이 있다. 그러나 이도 여러 서적에서 고증해보니 태살의 살 자가 두 가지로 나옴을 볼 수 있다. 한 군데는 죽일 살(殺) 자요, 또 한 군데는 살풀이할 살(煞) 자로 나온다. 여기서 살풀이라는 말은 가령 부부가 싸우고 며칠 이야기를 안 하는 경우, 동료가 "거 살풀이 좀 해야겠는걸" 하는 경우의 뜻이라 한다.

또 옛날에 무당이 굿을 할 때 억울한 사람의 한을 풀어주기 위해 상대방(해 끼친)의 환상을 그려 벽에다 붙여놓고 활을 쏘기도 한단다. 그럴 때 보면 이 화살은 사람이 아닌 그 사람의 환상을 보고 쏘는 것이다. 그래서 살풀이를 했다는 것이다.

이것이 태교의 글 속에 임부가 잘못하면 태살을 맞는다고 표현한 곳이 있는데 그것은 궁중에서 궁녀가 상감의 씨를 잉태했을 때 상대방(중전 혹은 다른 빈)이 가진 아기를 시기하여 해코지하려 할 때 썼던 간악한 방법으로 가임여성 임부는 누구나 그런 일에 휘말리지 말라는 뜻으로 해석하면 될 것이다.

또 동양의 음양설이 현재 미국의 물리학자, 우주학자들의 연구대상으로 열심히 검토되고 있음을 볼 때 그 심오한 경지가 곧 밝혀질 것으로 보며, 요사이 서양철학을 하시는 분이 "우리는 과학을 신봉하고 이용하며 과학적 사고가 아니면 살 수 없는 시대에 살고 있으나 너무 과학하다 보니 불확실성 시대에 돌입했다"고 하는 보고서에서 결국 과학도 완전한 것이 되지 못함을 생각하게 한다.

예를 들면 1961년 서독에서 만든 임신구토약 '타리도마이드'라는 약이 5,000명의 임신부가 팔, 다리가 없거나 짧은 아기를 낳은 원인이었다는 보고나, 곡식 증산을 위해 사용한 농약이 생태계를 파괴하고 토질을 산성으로 만든 일을 무어라 설명할 수 있겠는가 하는 것이며, 훌륭한 매스컴인 TV가 시청자를 바보로 만든다는 기사 등과 무통분만이라고 유행하던 제왕절개, 유도분만이 잘못된 아기의 원인이 된 것, 식품첨가물이 건강을 좀먹고 있는 일 등에서 막상 과학도 전체적인 입장에서는 완전한 것이 못 되어 우리를 더욱 불확실성의 시대로 몰아넣고 있음을 본다.

여기서 우리가 분명히 해두어야 할 것은 생명 발생에 관한 한 올바

른 지식, 즉 골간이 되는 지식과 지엽적인 말이 무엇인지를 구별하는
지혜이다. 미신도 아니요, 과학만능도 아닌 지혜 말이다.

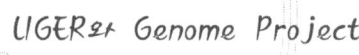

LIGER와 Genome Project

유전공학을 연구하는 과학자들은 Totato(혹 Tomato: 한 나무에 감자와 토마토가 같이 열리는 것)를 만들어 놓았다.

그리고 어떤 재미있는 미국 친구는 사자와 호랑이를 교미시켜 사자도 호랑이도 아닌 신종 라이거(Liger)를 탄생시켰다. 그러나 그 신종이 자라서 F-2를 보려고 노력했으나 F-2는 생산되지 못했다는 것인데, 그 원인을 조사해보니 그 신종 동물은 생식능력이 없었다. 미국에서 다수확하는 볍씨가 탄생했다. 두 배(倍)의 소출이 된다는데 우리도 수입해서 심으면 되지 않겠느냐고 물으니, 심은 당년에는 큰 수확을 얻을 수 있으나 거기서 얻은 씨앗은 다시 쓸모가 없다는 것이다.

또 유전자를 조작하는 팀에서 산만 한 돼지, 슈퍼 소도 만들었다. 그리고 염색체를 복제하는 연구팀은 양(돌리)을 만들어내 인간도 복제시대가 온다고 떠들어댔다. 과학자들 입장에선 큰 개가를 올렸다고 할지는 모르지만 돌이켜보면 다수확을 목표로 만들어낸 유전자 조작 콩은 썩지 않는다는 문제점이 발견되고 복제된 양은 생명이 짧은 것으로 판명이 돼 또 하나의 문제가 야기되었다.

그런데 요즘은 게놈계획이 또 인간의 난치병 치료를 위한다고 인간복제 문제를 들고 나와 세계의 생명공학이 경쟁을 시작했다 하고 있다. 이것은 미국에서도 문제가 돼서 미국대통령은 한시적 연구에 싸인 하므로 앞으로는 좀 자제하는 쪽으로 연구가 진행되지 않겠나 싶다.

여하튼 Bio Tech(생명공학) 연구는 발전하겠지만 신의 경지에 도전하는 문제와의 마찰은 각 종교집단과의 관계에까지 파동이 있을 것이다.

시험관아기

20대의 여성들에게 강의하는 도중 시험관아기가 열 달 동안 어디서 자라겠느냐는 질문을 던졌다.

그랬더니 대뜸 하는 대답이 "시험관에서요" 하고 좀 이상했던지 고개를 갸우뚱하다가 다시 "인큐베이터요"라고 하였다. 단상에 있는 필자가 고개를 좌우로 흔들자 그때서야 "인체 속에서요", "모태에서요" 하는 바른 대답이 나왔다.

어느 때는 200명, 어느 때는 300명이나 되는 수강생이었는데 아마도 갑작스러운 질문에 그런 대답이 나왔나보다.

그러나 또한 우리가 생명 발생이나 성장과정에 관하여 자세히 알려고 노력하지 않았다는 생각도 해보았다. 생명이란 그저 그렇게 태어나고 자라는 것이 아니냐고 생각한다면 큰 오산이요, 여기에 문제가 있는 것이다. 시험관에서 정자와 난자의 만남은 이루어졌을망정 그 생명은 모체에서 형성된 것이다. 그렇게 하지 않으면 안 될 만큼 모태는 신비스럽다.

세계 도처에 정자은행이 세워지고 시험관아기가 속속 배출되고 있으나 아직 그리 많은 수는 아니다.

또 그뿐 아니라 미국에서 1만 달러를 받고 행한 대리모(代理母)의 친권논쟁도 볼만한 싸움거리다.

이렇듯 생명이란 그리 단순한 것이 아니다. 남녀의 만남으로부터 시작하여 사랑의 보금자리에서 심은 씨앗이 움트고 자라 열매를 맺기까지 오랫동안 땀과 노력의 결정체가 되어, 낳고 기르는 것에 보답하며 살아가다 다시 대를 잇는 순환의 법칙 속에서 시험관아기는 하나의 예외임을 알아둘 필요가 있다. 생명은 그만큼 성스러운 것이며 자궁은 오묘하고 신비스러운 아기집이기 때문이다. 물론 불임부부는 안타깝다고 한다. 어떤 경우는 여성 편에서 결함이 또 어떤 부부는 남성 쪽에서 결함이 있어 이를 해결하기란 다양성이 있다.

문제는 정자와 난자의 만남을 시험관에 의존해보려는 의학적 노력이 있겠으나 그간 매스컴이 지적해낸 것을 보면 새로운 문제가 없는 것도 아니라는 데 있다. 시험은 여러 번에 걸쳐 해야 하며 때로는 남편의 정자가 아닌 것도 있다는 데 있다. 이런 일은 임신에는 성공할지 몰라도 후에는 누구의 자손이라는 문제로 집안에 큰 소동이 벌어졌다는 외국의 예에서도 잘 다루지 않으면 안 되는 문제라 생각된다.

자궁 속의 카메라

자궁 속에 마이크로카메라를 삽입하여 태아를 관찰할 만큼 현대과학은 발전했다.

미국 의학계에서 연구된 이 방법은 태아란 어떤 것인가로부터 시작하여 모체와의 관계, 발전과정 그리고 잘못되는 원인을 찾는 데 큰 공헌을 하고 있으며 여러 가지를 영상화하여 우리들에게 보여 주고 있다.

어떤 영상은 임부에게 고통을 주어 뇌에서 흐르는 '아드레날린'이라는 분비물이 태아에게 전달되는 경위를 보여 주고, 또 어떤 영상은 임부가 섭취한 알코올이 태아에게 미치는 영향, 흡연으로 인한 태아의 괴로운 모습을 보여 주어 우리를 놀라게 했다.

물론 태아에게 해로운 것일 때 태아는 찌푸리거나 싫어하는 인상이었고, 임부가 좋아하는 음악을 들려 주니 임부는 최상의 심신상태로 음악감상을 하였는데, 이때 태아도 임부와 같은 상태를 보이는 장면이었다. 이 여러 가지 실험에서도 태아는 따로 떨어져 있는 별개의 생명체가 아닌 엄마에게 가해지는 일체의 영향에 대하여 같은 민감한 반응을 나타내고 있음을 알게 됐다. 또 다른 화면에서는 겨우 3개월 반, 즉 16주 된 아기가 벌써 눈을 움직이고, 입을 움직이고 혹은 손가락을 빠는 장면도 있었다.

그리고 얼마 전 일본에서 제왕절개를 하면서 얻은 화면이 있는데, 거기서는 수술을 하려고 의사가 마취주사를 놓자 태아가 입을 딱 벌리더라는 것이다. 그 원인을 의사들에게 물어 보니 이 표정은 '비명'이라고 풀이했다. 다시 절개를 하기 위해 매스를 대자 태아는 빙글빙글 돌더라는 것인데, 이 행동은 '도망'이라고 명명했다 하니 매우 놀랄 일이 아닐 수 없다. 제가 도망을 가면 어디로 가겠느냐마는(자궁 내에서) 여기서도 모체와 아기는 맥이 통하여 같이 숨 쉬고 두려움도 같이 느끼는 생명체라는 것을 확실히 해준 장면이었다.

이런 태아에게 우리는 어떻게 대처해야 할 것인가에 대하여 관심을 쏟을 때다. '태아는 모체 안팎의 환경의 영향'이라고 결론지은 생명공학의 연구는 생명의 신비를 하나하나 벗겨주고 있는 것이다. 앞으로는 더욱 많은 것이 밝혀지겠지만 현재 위치에서도 태아는 아무 것도 모르는 형체나 아무렇게 다루어도 되는 생명이 아닌 엄마(임부)의 섭생과 언행 그대로를 영향받아 만들어지는 것이라는 데 특히 유의하여야 할 것은 그것이 충분조건이라기보다 필요조건이기 때문이며 이것이 발달된 현대과학의 해명이라고 보인다.

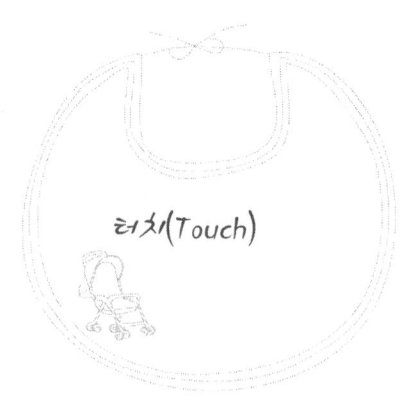

터치(Touch)

터치란 피부와 피부가 맞닿는다는 말이다.

요즈음 미국 산부인과에서는 출산할 때 아빠의 손이 막 태어나는 아기머리에 닿도록 하는 운동이 일어나고 있다. 이는 아기가 태어날 때 낯선 간호사나 의사의 손이 먼저 닿으면 아기는 거부반응을 일으킨다는 것이다. 열 달 동안 엄마 배 속에서 엄마와 같이 숨 쉬고, 느끼고, 말하며 지내다가 출산 시 아기와 전혀 관계없는 사람의 피부와 맞닿게 되면 섬뜩하며 놀랄 것이라는 사실은 태아에 대한 연구가 활발해지면서부터 진행된 일이다.

임부는 임신이 확인되면 정기적으로 진찰을 받아야 하고, 출산일이 통보되면 아빠는 설혹 직장에 있더라도 대기상태에 있다가 전화가 오면 곧 병원으로 달려가야 한다. 그리고 가운을 입고 멸균실에 가서 멸균을 한다. 진통 후에 출산이 시작되면 산실로 통하는 문으로 들어가서 산모의 손을 대는 것이다. 마음속으로는 "아빠다, 아빠야" 하겠지만 무사히 나오기를 기도한다.

이렇게 하여 태어난 아기는 자라면서 문제아가 되지 않는다. 서로 정이 통하여 자기를 낳은 부모에게 사랑을 느낀다고 하는데, 이것을 '터치'라 한다.

잘못되어 가는 청소년들의 문제와 사회적 문제를 원천적으로 치유해 보려는 데서 시작된 연구결과로 미국의 과학이나 의학은 이런 원인을 규명하고 제어하는 수단을 청소년들이 자라는 환경요소에서 찾으려 했지만, 보다 중요한 것은 태중의 영향, 발생 쪽에 문제가 있음을 발견하고 연구에 열중하고 있음을 알 수 있다.

터치는 이미 우리나라에도 들어와 실시되고 있다. 수술분만을 거부하고 자연분만을 선호하게 된 우리도 아빠를 준비시켜 분만의 어려움을 함께 느끼고 태어나는 자기 분신이 거부감을 일으키지 않게 하려는 손바닥대기(터치)가 행해지고 있다. 옛날과 비교하면 많이 달라진 풍경이다. 그뿐 아니라 출산방법도 다양하게 바뀌어 그중에서 자신에게 맞는 것을 골라 하는 선택분만이 병원에서 실시되고 있으니 무척 발전했다고 하겠다. 문제는 아직도 남아 있는 제왕절개 등 수술분만이다. 이제부터라도 자연분만으로 기쁨을 누리기를 바란다.

아기의 초능력

옛날부터 우리는 갓 태어난 아기의 오감발달에 이상은 없는지에 관해 알아보는 풍습이 있었다. 시부모님이나 친정엄마가 하시기도 하지만 가까운 친척 중에서 그런 일을 담당하는 수도 있다. 그런데 요즘 첨단과학은 태어난 지 겨우 이틀밖에 안 되는 아기를 실험하는 장면이 있었다. 어른이 손가락을 아기 주먹 속에 넣고 잡아 들어보니 아기가 대롱대롱 매달려 올라오는 것이 아닌가! 어디서 저런 힘이 나올까 하여 보는 사람들의 가슴을 놀라게 했다.

3일째는 종이를 접어 한쪽에는 엄마 젖을, 한쪽에는 우유를 묻혀 아기 코에 가까이 대고 약간 흔들어서 후각을 시험하는 장면이었는데, 조금 후 아기는 냄새가 나는지 양쪽을 번갈아 냄새를 맡더니 단연 엄마 젖이 묻은 쪽을 향하여 이끌리듯 움직이려는 동작을 보여 주었다. 후각뿐 아니라 청각도 있다. 시계를 아기 귀에 대고 약간씩 움직이면 아기는 시계소리가 나는 쪽으로 귀를 기울인다. 이것은 우리나라에서도 옛날부터 시험해오고 있었던 관습으로 아기의 중요한 부분이 제대로 활동을 하나 알아보기 위해 이런 방법을 태교의 일환으로 써오고 있음을 안다.

4일째는 보기 시작한다. 손에 쥘 수 있는 물건 중 잘 보일 만한 것을 아기가 눈을 떴을 때 가까이 대고 움직여 보라. 아기는 적당한 거리가 되면 움직이는 대로 눈을 돌리며 무엇인가 하고 본다.

5일째는 엄마를 판별할 수 있다. 젖 냄새 때문인지는 몰라도 엄마나 엄마 젖 정도는 다른 것과 구별하여 얼굴을 엄마 쪽으로 돌린다.

미국 미시간대학교의 '하우스' 박사는 아기는 엄마와의 접촉을 좋아하므로 늘 배 위나 가슴과의 접촉은 커뮤니케이션이 잘 되게 하는 방법이라고 말한다. 따뜻한 사랑과 포근한 감쌈, 편안한 심장의 고동 소리는 아기에겐 익숙한 것이기 때문에 늘 좋아한다.

이렇듯 신생아는 프로이드가 이야기한 것처럼 3~4일인 신생아는 웃으면 신드롬이라는 이론은 인지가 발달되지 못했던 과거의 이야기로 돌릴 수밖에 없게 돼 버렸다. 신생아는 무능력, 무기력한 게 아니고 신비의 오감이 생겨 있는 상태라는 데서 방 안의 분위기를 맞추려는 대로 한 걸음 나아가야 할 것 같다.

그렇다고 요란한 음악이나 외출 등은 권장할 일이 아니다. 예부터 3×7일은 꼭 지켜야 할 항균문제와 연관되기 때문이다.

맑은 공기와 물의 비결

우리는 하루 24시간 늘 공기와 접하고 살며 필요한 때는 마실 수 있는 물이 있어 그 고마움을 종종 잊고 있다. 그러나 자궁 속에 있는 아기의 입장에서 보면 결코 잊을 수 없는 일이다. 그래서 임신할 사람은 미리 알아둘 필요가 있다.

의학에서 임신부는 산소결핍증이 되기 쉽다고 한다. 그런데 그 원인은 태아가 필요로 하는 산소공급이 충분치 않은 데서 시작된다. 태아는 탯줄을 통하여 산소를 공급받는데 그 산소는 엄마의 피 속에서 얻는다. 그러므로 엄마의 피는 늘 맑고 산소가 풍부하여야 된다. 만약 적당한 활동으로 산소를 축적하지 않으면 태아의 배설물 등으로 피가 거른 상태가 되는데, 이것을 모르고 약물에 의지하려는 어리석음은 피해야 된다.

그뿐이 아니다. 건강의 요체인 신진대사에도 산소는 필수조건이고 또 태아의 두뇌발달에 중요한 것이 바로 이 산소라고 한다. 임신 초기에 태아가 왕성한 세포분열을 할 때 뇌세포는 많은 양의 산소를 필요로 한다. 그러므로 산소결핍이 되면 이는 저해요인으로 뇌는 제대로 발육하지를 못한다. 심한 경우를 들면 초기의 임부가 2~3분간 산소가 희박한 곳에 있거나 산소 결핍상태에 돌입하면 무뇌아나 소두증의 원인이 된다고도 한다. 고지대에 사는 사람들이 단명하는 이유가 여기에서 기인한다고 하며, 임신부는 차를 타고 긴 터널을 통과하지 말라는 주의도 이런 이유에서이다. 그래서 선진국에서는 임신부에서 산소 마시기 운동도 기계화한다는 말이 있으나 그렇게까지 해야 하는지는 색다른 연구가 진행되어 봐야 하겠고 여기서 권하고 싶은 점은 다음과 같다.

① 적당한 운동으로 충분한 산소호흡을 할 것
② 방 안에 있을 때는 자주 신선한 바깥공기와 환기시킬 것
③ 가까운 숲 속을 거닐거나 정원에 화초나 수목을 가꿀 것
④ 지나친 육식이나 과영양분 섭취는 오히려 혈류작용을 해치므로 주의할 것 등

또한 물은 특수한 물을 말하는 것이 아니다. 우리 몸의 2/3가 수분이라는 것은 다 아는 사실이지만 맑은 물을 자주 마시는 것이 피를 맑게 해준다는 사실을 잊는 경우가 많기 때문이다. 노쇠해가는 몸이나 병이 있는 사람에게 맑은 물이 건강에 큰 도움이 되는 것과 같이 임신부도 마찬가지다. 신진대사를 원활히 해 원천적으로 맑은 물은 맑은 피를 조혈하는 기본조건인 것이다.

어느 암 환자가 맑은 물 마시기 운동으로 암을 고쳤다는 이야기도 있으며, 50살이 넘어 갱년기에 접어들자 몸이 무거워져 아침과 저녁은 밥을 먹고 점심은 물만 마시는 운동을 2~3주 했더니 몸이 아주

가벼워졌다는 이야기도 있다.

　이렇듯 우리 몸에서는 깨끗한 물을 필요로 한다. 그런데 잘못 알고 자꾸 영양분을 공급해야 된다고 생각하는 일부 층이 있는데 이는 피를 걸게 하는 것이지 맑게 하는 방법이 아님을 알아두자. 에너지를 얻는 데 필요한 영양분 이외는 오히려 부담만 가중시키는 결과가 되기 쉬우니 원천적인 것부터 알아두는 것이 중요하다.

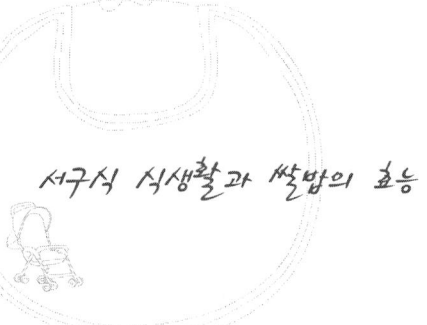

서구식 식생활과 쌀밥의 효능

　현대는 서구식 식생활이 좋다고 무턱대고 모방하는 사람들에게 성인병을 유발할 위험이 있다고 경종을 울리고 있다. 동물성 위주나 인스턴트 위주의 식생활은 임부에게도 그리 좋은 것이 아니다.

　미국 MIT대학교의 '쇼' 박사는 "구미 선진국들이 국민보건상 문제가 많아 개선하려는 식사패턴을 뒤늦게 답습하려는 것은 거기서 오는 폐해를 그대로 감수하는 결과를 낳게 된다"라고 말하고 있다. 그런데 우리는 경제성장과 함께 서양음식을 먹는 일이 많아졌으며 이것이 마치 선진화이며 영양개선인 양 느끼고 있다. 그 결과 지난 10년간(1969~1979년)의 우유와 육류 소비량이 4배 이상 증가했으며 그 반대로 보리소비량은 1/6, 감자소비량은 1/4로 감소했다. 실제로 아침을 빵과 우유로 대신하는 가정이 많아졌고, 햄버거나 핫도그 혹은 닭튀김이나 도넛 등이 젊은 층에게 유행하고 있으며 버터, 치즈, 마요네즈, 햄 등의 인스턴트식품이 우리 식성을 변질시키고 있다.

　그런데 반대로 서구에서는 식물성 섭취의 식생활 개선운동이 한창이다. 1977년 미 상원(美 上院) 영양문제 특별위원회 위원장 '맥거번' 보고서에서 미국인의 사망요인 중 6명의 1명은 잘못된 영양섭취에 있다고 보고되었음은 참고의 여지가 있다.

우리나라도 육류, 우유, 지방의 소비증대와 병행하여 성인병이 늘고 있는데, 1984년 의료보험연합의 통계에 의하면 1979~1982년 사이에 고혈압과 당뇨병의 진료 건수가 3배 이상 증가한 것으로 나타났다고 한다.

이와 같이 서구음식은 영양의 과잉현상으로 비판이 일고 있으며, 이 식생활은 20세기 초 동물영양학에 기초하였으므로 수정하라는 것이다. 훌륭한 식생활은 균형 잡힌 영양공급과 익숙한 전통식사 방식에서 오는 것으로 식물성을 많이 가미한 쪽이 건강한 신체와 건강한 정신을 갖는 방법이며, 이 바탕 위에서 안정된 정서와 편안한 마음으로 탁월한 창조력이 나오고 훌륭한 생산성이 보장된다는 것이다.

옛날에 우리는 할머니께서 "그저 밥이 인삼이니라" 하시던 말씀을 들은 기억이 있다. 젊은 사람들은 혹 듣지 못했을지도 모른다. 그리고 밥이 어떻게 인삼이란 말인가 하는 의문이나 부정적인 태도를 갖는 사람도 있을 것이다. 그러나 차근차근 생각해보면 그 훌륭한 의미를 알게 된다.

다시 말하면 밥의 성분이 인삼이란 뜻이 아니라 밥 먹는 태도나 시기 등으로 보아 우리는 늘 밥을 주식으로 내려온 민족이라 여기서 에너지를 얻고, 건강을 얻고, 노동력을 얻었다는 것이다. 더욱이 요즘 서구과학이 밝힌 것에서는 쌀밥이 어느 서구식보다 균형식이라고 했다. 그것은 쌀밥에 배아(배아에는 함축탄소)뿐 아니라 '옥타코사놀'이 함유돼 있어 피로회복에도 아주 좋은 식품이라는 발표다. 이런 것을 모르고 서구식 밀가루 음식과 육식에 길들여져 6대 병의 원인을 만들고 있다는 것이 한심하다고 한다. 쌀밥을 삼시세때에 맞추어 맛있게 먹는다면 활동하는 데 아무 이상이 없고 인삼을 먹은 것 이상으로 건강에는 최고였다는 말씀임을 알게 된다.

아무리 좋은 음식이라도 때를 잃거나 기분이 상한 상태에서 먹는다면 이는 결코 바람직하지 못하다. 더욱이 동양 사람이 서구식 식사를 즐겨 건강에 균형을 깨고 있다는 연구도 나오고 있는 때에 이 말은 소화와는 상관없이 먹은 음식이 바라는 만큼 잘 흡수되고 있느냐 하는 데서 온 말이다.

연구된 보고서에 의하면 우리의 섭생은 수천 년 동안 내려온 우리식 식사법이 최고라는 것이었으며 요사이 많이 찾고 있는 영양식은 부차적인 것으로 좋다. 다만 주식과 기호식은 구별되어야 한다는 의미로 인용한다.

요사이 일부 젊은 사람들은 아기가 3.5kg 이상이 되어야 건강하다고 잘못 아는 사람이 있다. 이렇게 되어도 산모의 정상분만이 가능한 것인가 묻고 싶다.

물론 2.5kg 이하의 미숙아를 낳으면 안 되겠지만 밥을 인삼으로 알면 그런 일은 발생하지도 않을 것이며, 예로부터 내려오는 "아기는 작게 낳아 크게 키워야 한다"는 말이 곧 영재아 출산의 가르침이었다는 것을 알고 섭생의 문제에 있어서도 "보리밥 먹고 미숙아 낳았다"는 말은 들은 적이 없다. 바로 알지 못하고 3.5kg의 큰 아기를 만들기 위해 영양식을 잘못하다가 잘못된 아기를 낳는 일이 없도록 하기 위해 덧붙이는 바이다.

일반적으로 미국은 선진국으로 돈 많고, 살기 좋고, 과학이 발달하고, 군사적으로는 세계 1위이며, 민주주의를 하는 나라, 공부하기도 좋은 나라, 모든 것이 풍부한 나라로 알고 있다. 그러나 미국의 입장에서 보면 세계에서 가장 못한 문제를 안고 있는 것도 있다. 그것은 다름 아닌 당뇨, 뇌졸중, 비만, 고혈압, 암, 심장병 등 6대 병이다.

그들은 이 문제를 미국 상원의 의제에 올려 이들의 근본적 퇴치운동을 하기 위한 연구로 M소위원회를 조직하여 여기에서 세계 각 종족들의 식사법을 조사, 연구하였다.

그것도 막대한 비용(우리나라 반년 예산과 비슷한)을 들여 많은 석학들이 참석한 가운데 연구한 결과, 이 6대 병의 원인이 바로 잘못된 식사법에 있었다는 것을 알아냈다. 우리가 알기에는 가장 훌륭한 식사를 하는 나라로 알고 있지만 이 많은 육식의 섭취가 문제의 병을 일으키는 원인이었다는 것이다.

각 종족, 즉 앵글로색슨족, 게르만족, 유대족, 몽고족 할 것 없이 수

천 년간의 전통적 식사법과 나라마다 갖고 있는 고유의 식사법을 분석해본 결과, 여러 나라의 좋은 식사법이 있고 그중 우리나라 전래의 식사법도 이에 속한다는 것이다.

특히 곡식과 채식을 위주로 김치, 깍두기, 된장, 고추장과 같은 발효성 식품들이 인체에 해를 주지 않는 좋은 음식이라는 것이 밝혀지고, 혹 영양가 면에서는 떨어질지 모르나 장수식품에 속한다는 것이다. 그리고 인간이 잘 먹고 잘 소화시킬 뿐 아니라 잘 흡수하는 음식은 늘 먹어 오던 음식이라 한다.

요사이는 좋아하는 음식의 패턴이 바뀌고 있어 임신부들은 영양가 있는 것을 찾지만 보다 잘 흡수되는 것을 찾아 섭취하는 지혜는 더 중요하다. 무병장수란 건강을 잘 유지한 사람들의 비결이며 행복의 척도다. 이것을 바라거든 홍수처럼 쏟아지는 상품광고에 의지하기보다는 스스로 아는 것이 힘이 될 줄로 믿는다.

첨단과학의 난제들

화성·금성·토성을 연구하는 우주과학, 인자접합을 해서 토마토와 감자가 한 나무에서 열리게 하는 DNA과학, 장을 보러 나갔다가 시간이 늦어 버튼으로 밥을 지을 수 있는 과학, 날아오는 핵폭탄을 레이저광으로 공중에서 없애 버리는 과학, 배 속의 태아를 눈으로 보듯 하는 과학 등 첨단을 걷는 과학이라도 아직 해결하지 못한 부분이 많다. 그중에서도 생명의 탄생에 관한 것이 있는데 최초의 생명 탄생과 죽음을 피하는 길이라든지 뇌나 지능을 인공적으로 만드는 것 등이 있다.

과학적으로 생각하면 생명이 시작한 것은 약 10억 년 전의 일이라 하며 자신을 복제할 수 있는 원시세포는 산소, 수소, 탄소, 질소, 헬륨, 네온 등의 6대 원소에 의해 만들어졌다 한다. 1950년대 '밀러' 박사는 물, 메탄, 암모니아의 혼합물에 전기스파크를 일으켜 유기물 '아미노산'을 만들어냈고, 수많은 실험 끝에 생명의 기본이 되는 핵산(RNA, DNA)의 주요성분이 합성되었다. 그 후 미국 마이애미대학교의 '폭스' 교수는 구형(球刑)의 아미노산 세포를 합성하고 다음 단계는 복제하는 세포가 생물로 바뀌는지를 알아내는 것이었다. 1972년 노벨수상자인 '쿠퍼' 박사는 기계화할 수 있는 뇌의 조직을 분석 중이라 하며, 미국 MIT대학교 '민스키' 박사는 마이크로컴퓨터로 인공지능을 제작하고 있다 하나 그것이 언제쯤 등장할지는 미지수이다. 설혹 성공한다 할지라도 인간의 어느 부분의 기계화일 뿐 조물주가 만든 인간에 비교할 수는 없다. 불가사의한 발생과 죽음, 행·불행의 문제를 기계로 할 수 있는 것은 아니다.

죽음에 대해서도 록펠러대학교의 '왕' 교수는 '스타틴'이라는 항생물질은 발견하고 이것은 세포가 노화하면서 생긴 것으로 추정, 젊은 세포에서는 갖고 있지 않음을 확인한 후 쥐의 실험에서 생명연장을 연구하고 있다. 그러나 노화과정과 연관된 호르몬도 아직 분리되지 못하고 있다 하며 설혹 그것이 발견된다 해도 죽음을 면하기란 요원하다고 한다. 우리는 다만 성스러운 인간 탄생이 엄마의 자궁의 역할로 이루어짐을 알고 어떻게 잘할 것인가에 노력하는 데 게을리하지 말아야 한다는 것을 다짐할 뿐이다.

2000년대는 게놈계획이 인간을 배아로부터 복제하려는 연구가 한창이다. 그러나 그것이 참으로 신의 영역을 잘못 침범하지 않고 필요한 일을 해내는 연구가 될지도 많은 의문을 낳고 있다. 세계 각국이 LT, BT, CT, ET, NT, ST 중 특히 Bio Tech(생명공학기술)가 큰 돈벌이가 될 것으로 알고 연구에 열을 올리고 있다. 더불어 우리는 인간이 선천적으로 태내환경과 일정한 관계에 있음을 알고 전후의 문제에 깊숙이 파고들고 있다.

1개월 안의 태아형성을 세밀히 구분하여 보면 다음과 같다.

2~3주 사이 3층으로 분화하여,

- 바깥층: 피부, 감각기관, 뇌 등 신경계통 형성 시작
- 중간층: 심장, 혈관 등과 뼈, 근육 등 형성 시작
- 아래층: 위, 간장 등 소화기능(내장기능) 형성 시작

3주 후, 척추가 형성되기 시작하고 심장이 어느 정도 형성되어 심음(心音)을 들을 수 있을 정도가 된다.

4주 후, 머리, 몸체의 형성이 완연해지고 심장의 고동을 들을 수 있으며, 다시 며칠이 지나면 팔과 다리 모양이 보이기 시작한다.

1개월 후, 벌써 1.3cm의 크기에 0.3g 정도의 체중으로 자라는데 작기는 하나 소화기능과 간장, 신장이 형성되고 눈, 코, 입, 귀가 보이기 시작한다.

1개월 반, 제법 손놀림이 능숙해지고 심장은 자신의 혈관에서 혈액을 공급하기 시작하며 심장의 고동소리도 거의 어른과 같은 정도가

된다. 이때는 벌써 세포군이 1만 배로 커서 태아로 탈바꿈하였고 뇌세포는 1분에 5만 개씩 늘어난다.

『동의보감』에서 본 태아의 성장과정

우리나라 의학의 중추를 맡았던 『동의보감』을 보면,

1개월에는 족절음맥이 보전하여 태가 형성

2개월에는 족소양맥이 보양하여 임부는 신 것을 좋아하게 되고 악조가 생김

3개월에는 수심양맥이 태를 보양하며 남녀 구별이 시작되고 사람의 형체를 갖추기 시작, 코와 음양 삼기(三器)가 분명해짐

4개월에는 수소양맥이 태를 보양하여 오장육부 중 육부 형성

5개월에는 족태음맥이 태를 보양하여 음양의 기운을 이루고 근육과 사지가 완연해지며 머리털이 생기기 시작

6개월에는 족양명위맥이 태를 보양하여 힘줄과 눈이 형성

7개월에는 수태음패맥이 태를 보양하여 뼈, 피(皮), 모가 생기고 혼(魂)이 놂

8개월에는 수양명태양맥이 태를 보양하여 피부가 형성되고 혼이 놂

9개월에는 족소음신맥이 태를 보양

10개월에는 족태양방광맥이 태를 보양하여 오장육부, 일제관통, 출생다기

여기 재미있는 이야기로 산일(産日)을 달을 지나 낳게 되면 아기는 부귀와 장수를 얻게 되고, 산달(産月)을 못 채우고 낳게 되면 아기는 빈천하고 단명하게 된다는 이야기가 있다.

제5장

임신 중의 활동

임신과 잉태

임신이란 말과 잉태란 말은 같은 말인 것 같으면서도 그 뜻에 약간의 차이가 있다. 즉, 임신은 아기가 생긴 이후의 말로 통용되고 있으며 잉태는 발생 순간을 의미하는 것으로 통용되고 있다. 그런데 태교를 생명 발생 이후로부터 발생 이전으로 앞당기는 것은 시대적 요구가 아닌가 하는 점에 타당성이 있다고 하겠다. 왜냐하면 요사이 성도덕이 제창되고 있을 뿐만 아니라 성숙한 자녀를 둔 부모들은 걱정이 태산 같다. 그것은 다름 아닌 시대가 성 개방시대이기 때문이다. 성 개방이 선진사회의 모방인데 뭐 잘못된 것이 있을까마는 알고 보면 그게 아니다. 모든 사회의 문제들이 바로 이 문제와 연관되어 있기 때문이다.

우리는 누구나 행복을 추구한다. 그런데 성 개방을 하고 보니 많은 문제가 생기고 있음을 느낀다. 여기서 다른 것은 논외로 하더라도 새로운 생명의 탄생이 발생부터 잘못되어 감은 묵과할 수 없는 일로, 만의 하나라도 발생이 잘못되었을 때는 태어나지를 말아야지 태어난다면 자신이나 부모의 불행은 말할 수 없이 크다. 그래서 태교도 임신 이후에 잘해보자는 노력도 중요하지만 임신 전에, 즉 잉태부터 잘하자는 데로 진일보하여 발전되고 있음은 퍽이나 다행스러운 일이며, 모든 여성들은 잉태를 중요시 생각하여 결혼 이전에 사전지식을 알아두는 것이 중요하다.

잉태는 성 문제와 직결된다. 물론 피임의 경우에는 조금 다르지만 피임의 경우도 잘못되면 다음의 정상임신을 원할 때 같은 논리의 문제가 형성됨을 알아야 한다. 남성과 같이 의논하여 택일하고 그 얼마 전부터는 잘못될 여지가 있는 여러 가지를 삼가며 정력을 축적하고 정서가 안정된 상태에서 혹이라도 병이 있을 때는 미리 예방치료하고 피임약 등 복용하던 것은 3~6개월 전부터 끊고, 남성은 과음으로부터의 절제로, 여성은 월경일을 체크하여 좋은 가임일을 찾아 서로 의논하고 기다리는 것이다. 이렇게 되면 훌륭한 임신은 가능하리라고 본다. 덧붙인다면 바라는 아기를 연상해보는 것도 좋으리라. 건강하고 씩씩하며 또 영특하여 장래가 촉망되는 인간상 같은 것 말이다.

빨라지고 바빠진 산업화, 국제화시대에 적응할 사람은 많은 경쟁에서 이겨낼 수 있는 강한 사람이어야 할 것이다. 행복한 엄마, 재능 있고 영특한 아기를 바라거든 임신 후 태교가 아닌 잉태 시의 중요성에 눈을 돌려 태교를 업그레이드시키자.

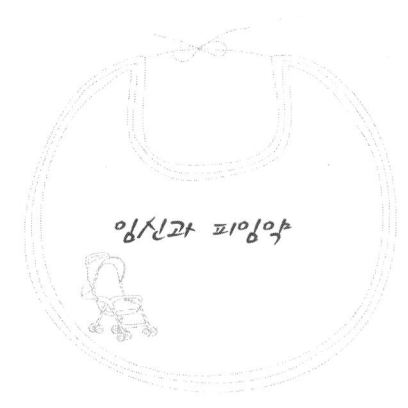

임신과 피임약

임신을 바라는 사람이 있는가 하면 피임에 노력하는 사람도 있다. 원하는 아기를 낳는 사람, 단산한 사람은 피임에 어려움이 없겠으나, 아직 출산은 필요하나 얼마 후에 낳기로 약속하고 피임을 계속하는 부부에게는 피임의 어려움이나 문제가 있다. 그것도 길게 1년이나 2년을 피임한다면 또 모르되 봄에서 가을까지 혹은 가을에서 봄까지 단기간의 피임으로 약물에 의존하는 여성은 까딱 실수하면 다음에 임신을 원할 때 문제가 야기될 수도 있다. 왜냐하면 금방 끊은 피임약의 영향이 잉태될 아기에게 전혀 영향을 주지 않는다고 할 수 없기 때문이다. 만약 그렇게 임신이 됐다면 즉시 병원에 가서 태아의 이상 유무를 체크해야 한다. 이는 여러 곳에서 많은 잘못이 발견되었기 때문이다.

그래서 그런 부부는 임신 몇 개월 전부터는 약을 끊고 주기피임법을 이용해야 된다. 사람에 따라서 약간씩 다르다고는 하나 오기노식이나 기초체온법이 많이 이용되고 있고 혹은 동양에서는 달이 피어오르는 때와 삭아 가는 것을 인용, 월경 후부터 7~10일간은 호기, 그 후 4~5일은 반가능기, 그 후부터 다음 월경 때까지를 불임기로 보았다.

그러나 현재는 확실히 말해 돌아올 월경일로부터 역산해 15일경을 배란일로 본다. 사람에 따라 28주기, 31주기 또 다른 주기가 있어 정확하지도 않다고들 하는데 컨디션이 정상이라고 볼 때 기초체온법을 활용해보는 것도 좋겠다. 그래프에 그려 평상체온보다 갑자기 떨어졌다가 확 올라가는 시점을 배란일이라 한다. 그런데도 불확실하다는 사람은 자신에게 맞는 피임방법을 알기 위하여 병원에 문의하는 것이 바람직하며, 여기서 지적하고자 하는 것은 약물을 사용하다 일정한 기간이 경과하기 전에 임신이 되는 상태를 경고하기 위함이다.

약의 효능은 얼마간의 기간이 경과하면 없어진다고 하나 그중 일부는 잔존하여 해를 끼칠 수도 있다. 장성한 사람이라면 모르되 이제막 생기기 시작한 형성기의 생명에게는 해로울 수 있다. 물론 생명에 지장이 있는 것이 아니더라도 초기에 형성되는 중요한 장기(臟器)나 기관에 어떤 영향을 끼칠 수 있다는 것으로, 이렇게 되면 큰일이다. 모든 장기는 훌륭히 타고나야지 잘못되면 큰 불행을 초래하는 고질병이 되는 것이기 때문이다.

얼마 전 방글라데시에서 세계보건학회가 열렸는데 한창 회의 도중 "잠깐" 하며 한 대표가 데려온(안고) 테레사라는 여인은 팔다리가 꼬였는데 말해보라 하니 "나는 우리 엄마가 피임약을 좋아해서 이렇게 됐어요"라고 했다고 한다. 이 얼마나 무서운 일이가? 잘못 먹은 피임약 잘 알고 사용해야겠다.

임신의 증후

　미혼여성이 어머니로 호칭받기까지는 몇 개의 중요한 단계가 있다.

　첫 번째가 결혼이라는 단계요, 두 번째가 임신이며, 다음이 무사히 출산하여 건강한 아기를 키웠을 때 붙는 존칭이다.

　이 존칭을 얻기 위해서라기보다는 신이 부여해준 임무라고나 할까, 아니면 천부적 역할이라고 할까? 아무튼 이 오묘한 진리 속에서 하나의 생명은 잉태되고 태내에서 자라게 된다.

　지금은 발생이 소식으로 전해지고 소식이 기쁨이 되는 안이한 시대는 지났다. 잉태는 정성스러운 감지 노력으로 알게 되어야 하고, 감지되면 곧 금욕(禁慾)과 금기(禁忌)하는 노력이 뒤따라야 아기는 무사히 건강하고 영특하게 자랄 수 있기 때문에 현대는 확인하는 검사나 진단방법을 미리 알아두어야 한다.

　동양의학에서는 맥이 잠기지도, 뜨지도 않은 상태로 어지러웠다가 꾹 누르면 맥이 유순하고 반발력이 강하지 않은 상태를 대개 임신이라 한다.

여기서 임신에 따른 여러 가지 신체적 변화를 알아보면 다음과 같다.

- 식성변화: 입덧 같은 것으로 평소 좋아하던 음식이 보기도 싫어지고 평소에 느껴 보지 못했던 음식을 갑자기 찾게 된다든지 침이 많이 나오거나 신 것을 찾게 될 때 이상을 느끼는 것이다.

- 감성변화: 갑자기 신경이 날카로워지거나 이유 없이 긴장상태가 지속되는 것으로 이유는 태아를 보호하기 위한 방어 상태의 신체적 변화에서 오는 것이라 한다.

- 피부의 변화: 임신기가 되면 육체가 풍요해지고 감정이 쾌활해지면 얼굴색이 환해지지만 막상 임신이 되고 나면 점점 얼굴에 광택이 줄어들고 눈 주위나 입 주위 혹은 코 윗부분에 검푸른 빛이 돌거나 주근깨, 기미 등이 생기며, 젖꼭지의 검은 부분이 더 검어지고 외음부에도 검은빛이 더 짙어지며 피부가 갈라지기도 한다.

- 신체적 변화: 온몸이 나른하거나 권태감이 심해지면 자주 눕고 싶은 기분이 생긴다.

- 감지: 정자와 난자가 만나 일주일부터 10일 동안 허니문 랑데부가 있은 후 자궁에 착상하여 세포분열을 시작한 후 약 2주가 지나면 아랫배에서 금실금실하는 변화를 느끼게 되는 것으로 아픈 것도 아닌데 괜히 노근하며 잠이 오고 음식에 흥미를 잃게 되는 이상한 자각증상이 오는데 이를 빨리 감지하는 것이다. 풀잎이 움직이는 소리를 듣듯, 꽃봉오리가 터지는 소리를 듣듯 세심한 주의로 생명의 발생을 귀담아들을 수 있어야 하는데 이는 대단히 중요한 과정으로 며칠 동안 계속되는 이 시기를 잘 포착하여 초기의 주의를 게을리하지 말아야 한다.

임신증후와 초음파

- 양수검사: 12주 이후에 양수 10~15cc를 뽑아 태아의 이상 유무를 확인하는 방법으로 주로 염색체 이상이나 대사(代謝) 이상 등에 의한 태아의 선천성 이상을 사전에 발견하는 검사이다.

- 초음파검사: 영상으로 태아를 식별하는 방법으로 남아인지 여아인지도 10주 이후에는 판별이 가능하다고 하는데, X-Ray는 해롭고 초음파는 해가 없다고 했으나 요즈음 다시 이야기되기로는 임신 초기의 초음파도 해를 줄 수 있다 하여 조심하고 있다.

- 시약검사: 임신 여부를 임신 2주 후에는 판별할 수 있는 검사방법으로 리트마스지의 사용법과 비슷하게 소변에 시약을 떨어뜨려 색깔 변화로 판별하는, 임무 스스로도 할 수 있는 간단한 방법이 개발되었다.

그 외에도 염색체 이상검사, 선천성 이상검사, 대사 이상검사, 태아와 임부의 건강진단 등이 있다.

부부생활을 하는 가임여성은 월경일을 기점으로 가임기간의 성행위 후에는 발생에 대한 주의를 게을리하지 말고 변화 유무를 관찰하여 이상이 있다는 느낌이 들 때는 지체 없이 체크하는 지혜를 발휘해야 할 것이다. 그렇다고 매월 하는 병원의 정기검사 때마다 초음파 검사를 받는 임산부가 있다는데 세계 과학보고에서는 그렇게 할 때 오는 산소부족 현상은 태아의 뇌 기능 장애 혹은 뇌 발달 장애의 원인이 될 수도 있다는 것으로 내 아기 만드는 일 같은 것은 가려서 할 줄 아는 것이 요구된다 하겠다.

입덧이란

입덧은 "엄마, 나 여기 생겼어" 하는 태아의 신호이거나 그러니 "먹는 것, 보는 것, 함부로 하지 마" 하는 경고의 메시지라 표현하기 도 한다. 그러나 그것은 사람에 따라 다르고 체질별, 유형별로 달라 어떻게 예방하느냐는 문제와 해결방법에 관심이 집중되기도 하는데 여기서는 일단 결혼을 형식별로 구분하고 내용을 알아보는 기회를 마련했다.

입덧은 연애 결혼한 임부보다 중매 결혼한 임부 쪽이 더 심하다는 보고가 있었다. 또 시부모와 함께 사는 경우에 더 많다고도 한다.

그러나 현재까지 입덧의 원인은 확실히 밝혀지지 않았지만 많은 전문가들의 말에 의하면, ① 태반에서 분비되는 성성(性腺)자극 호르 몬의 증가에서 오는 것, ② 태아 성장으로 인한 단백질 결핍 등의 신 체적 변화에서 오는 것, ③ 정신적·심리적 요인 등에 그 원인이 있 다고 한다. 그리고 임신이라는 커다란 삶의 변화에 적응하지 못한 정 서적 불안정도 그 원인의 하나라고 볼 수 있다.

한편 결혼 전에는 부모에게 의존적이거나 응석을 부리며 자라다가 자신의 일을 스스로 해결해야 할 입장에 선 사람에게서 많이 볼 수 있다. 자립심이 강하거나 취업여성 쪽에서는 입덧이 잘 나타나지 않는다는 것이 산부인과의 일반적인 통계이다.

「입덧에 관한 임상적 연구」로 박사학위를 받은 부산대학교 의과대학의 이옥경 씨에 의하면 1983년 6월부터 1년 동안 256명의 임신 초기의 여성을 대상으로 조사한 결과, 초임의 경우 연애 결혼한 여성 34명 중 17명이 입덧한 경험이 있고, 중매 결혼한 여성 43명 중 32명이 입덧한 경험이 있다고 대답했다. 여기서 연애결혼보다 중매결혼 쪽이 입덧을 많이 겪는 것으로 나타났고, 임신을 경험한 경우 연애결혼이 64%, 중매결혼이 74%로 나타나서 역시 중매결혼 쪽에 더 많은 빈도를 보이고 있다.

입덧을 하는 시기로는 6~7주가 29%, 7~8주가 20%로 나타나고, 빠르게는 5주부터 늦게는 15주에 입덧경험이 나타났다. 계절적으로는 겨울철에 21%, 가을철에 19%로 응답한 것으로 미루어 보아 싱싱한 채소의 부족 때문이 아닌가 보아진다.

입덧을 예방하는 방법으로 첫째, 아침 잠자리에서 천천히 일어날 것과 둘째, 일어나기 전 누운 채로 가벼운 단백질을 섭취할 것, 셋째, 식사는 조금씩 여러 번에 나누어 할 것 등이 있다.

임신과 건강의 함수관계

임신을 하면 건강을 해치니 두 몫을 먹어야 한다는 TV 광고가 있다. 그러나 그것은 20여 년 전 유행했고 생산업자가 하는 선전이지 지금도 맞는 공통의 건강지식은 아니다.

임신을 하면 건강이 좋지 못한 사람이 오히려 건강해지는 수가 있고, 평소에 건강하던 사람이 건강이 나빠지는 수가 있기는 하다. 어떤 이는 폐가 나빴는데 임신함으로 해서 회복되었다고 한다. 이는 상체의 활동이 자궁으로 집중되므로 부담이 덜어졌기 때문이라고 하는데, 특히 자궁후굴통과 같은 것은 임신하면 완전히 고쳐진다고 한다.

임신을 하면 모체가 초비상상태와 같이 되어 태아를 보호하기 위해 모든 기능이 동원되므로 모체 내에 있는 여러 병균은 밀려나고 오히려 저항력이 생겨 태아를 감싼다. 그러나 반대의 현상도 있다. 이 경우는 생리적 부담이 무거워져 피로한 상태가 되기 때문인데 이런 때는 즉시 병원에 가서 진찰을 받아야 한다. 태아는 엄마의 영양부족과는 관계없이 필요한 영양분을 모두 흡수해 가며 엄마도 자신의 건강은 아랑곳없이 아기가 필요로 하는 영양을 모두 주게 된다. 그래서 임신을 하면 신 것을 찾고 색다른 음식을 찾는 것이다.

임신은 심리적, 육체적으로 긴장을 가져오는데 이는 태아를 보호하기 위한 최대의 방어자세를 갖추는 데서 오는 당연한 현상으로 필히 안정을 취하여야 한다. 혹시라도 불안, 초조, 흥분 등으로 신경이 예민해지거나 화를 내는 일 등은 금물로, 잘못하여 선천성 질환이나 기형아의 원인이 된 예는 얼마든지 있다.

임신을 하면 사람에 따라서 피부색이 변하거나 피부가 갈라지거나 혹 기미가 끼거나 변비나 치통을 일으키는 일이 있고 손발이 붓는 일이 있는데 이런 일들은 생리적으로나 심리적으로 모자간에 연결된 특수한 관계로 일어나는 현상임을 알아두는 것이 좋다.

임신 중의 활동

① 운동: 가벼운 운동은 권장사항이다.

② 직장생활: 심한 육체노동은 피하고 출산일이 가까워지면 쉰다.

③ 여행: 장거리 여행은 좋지 않고 합병증 등을 고려하여 짧게 산야를 거니는 것이 좋다.

④ 목욕: 샤워는 자주 하는 것이 좋고 만삭이 되면 탕에 들어가는 것을 피하라.

⑤ 옷: 졸라매지 않는 옷이 좋고 밴드 있는 양말은 피하라.

⑥ 변비: 근육이완과 자궁압박에서 오는 현상으로 충분한 수분공급이 필요하다.

⑦ 성생활: 초기와 말기는 피하는 것이 바람직하다.

⑧ 질 세척: 배설물이 심할 때는 의사의 진단이 요구된다.

⑨ 흡연: 혈색소 비활성화로 혈류가 감소되고 식욕감퇴와 칼로리 부족현상이 생긴다.

⑩ 술: 중독성일 경우 우둔한 아기, 땀이 많고 지능이 낮은 아기가 된다.

⑪ 습관성 약: 태아 발육장애나 저체중의 원인이 된다.

⑫ 치아: 약물에 의한 원인이 아닌 한 큰 문제는 되지 않는다.

⑬ 예방접종: 파상풍, 디프테리아, 소아마비, 장티푸스, 천연두, 황열병, 콜레라 등의 예방접종은 양호하나 이하선염, 풍진 등의 예방접종은 금기사항이다.

그러나 한의학 쪽에서는 임신 중에는 침도 함부로 맞지 말라는 것이 통념이다.

임신 초기, 중기, 말기로 구분해 초기와 말기에는 낙태위험이 있으니 높은 데, 낮은 데, 뛰는 것을 조심시켰고 중기에는 활동을 장려했다. 문제는 현대적 임신동기로 먹는 것에 관해서 일일이 열거를 다 못하지만 상식적으로도 아는 환경호르몬, 다이옥신, 농약식품, 중금속 오염의 물, 공기 부패된 줄 모르고 섭취하는 반제품, 인스턴트, 패스트푸드, 살모넬라균, 리스테리아균, 비브리오균 등 건강에 치명적인 해를 끼치는 음식들을 맛있다는 이유 하나만으로 마구 섭취하는 일들에 경고를 아끼지 않는다.

잘 먹다와 많이 먹는다는 근본적으로 의미가 다르다.

영아가 만들어준 장기(臟器)가 최고

요사이는 과학의 발달로 인공심장, 인공안구, 의수족, 인공청각장치 등이 생산되어 다친 사람들에게 잘 이용되고 있어 매우 고마운 일이다. 인체의 일부를 상한 사람들에게 이런 것들은 꼭 필요한 것이다. TV에서는 인체의 여러 부분이 망가진 사람을 인공적인 보조장치로 재생시켜 초인적인 '600만 불의 사나이'를 만들어 환상적인 활동을 그려 보이기도 했다. 그리고 그것을 본 사람들은 착각을 일으켜 그것들이 마치 부모가 만들어준 것보다 더 좋은 것으로 생각되게도 했다.

그러나 그런 것들은 모두 공상과학 영화 같은 어린이식 사고방식이지 막상 그 불편함과 괴로움, 거기에 드는 비용 등을 생각해보면 참으로 그렇게 되어서는 안 된다. 현실적인 일이 아닌 가공적인 일을 꾸민 것이라 생각한다.

현실은 심장병 하나 고치는 데 드는 비용이 얼마이며, 그것을 위해 온 식구가 고생을 할 뿐 아니라 그것도 고치지 못해 죽어 가는 많은 생명들이 있다. 그뿐인가! 팔다리가 잘못되어 의수족을 했다고 가정해보라. 설혹 그것이 잘 만들어진 물건이라 해도 제 몸이 아닌 이상 그 불편함은 이루 말할 수 없을 것이다. 당해보지 않고는 잘 모를 거라고 할 수만은 없다.

우리 어머니들은 우리가 태어날 때 훌륭한 장기를 만들어 주셨다. 애당초 태어날 때 좋은 장기를 갖고 태어나고 또 이것을 잘 유지할 줄 아는 사람이 되어야지, 만약 태어날 때부터 잘못 되었다든지 잘못 유지하여 이런 일이 생긴다면 그는 사는 동안 크게 불행한 사람이 될 것이다. 역시 엄마가 만들어준 장기가 최고다. 우리는 아기에게 최고의 장기를 만들어 주는데 소홀하지 말자.

다시 말해서 훌륭한 장기는 훌륭한 태교에서 이루어진다는 것을 알아두자. 의학적으로는 임신 초기를 13일부터 56일까지로 보는데, 다른 말로 이때를 장기(臟器)형성기라고 한다. 초기에 형성되는 중요 부분을 예로 들면, 14~20일 사이에 심장이 형성되기 시작하여 50일이면 완성되며, 15~25일 사이에 신경계통(뇌, 척수, 지능)이 형성되기 시작하고, 20~25일 사이에 사지(손, 발)가 형성되기 시작한다.

이렇게 임신 초기는 중요한 시기이므로 이때 잘못된 여러 가지 요인들이 어떤 원인이 될 수 있다.

약명과 잘못될 요소
- 보나민 크로루 푸로마진(입덧, 구토제): 기형형성, 물질계
- 발비투레이트(수면, 진정제): 뇌세포의 독이며 산소결핍으로 기형의 원인
- 호르몬 스테로이드 제재
① 부신피진 호르몬(클리손, 프레드니소론): 무뇌아, 사산, 언청이,

척수파열

② 먹는 피임약(혼합체): 언청이, 척수파열, 소두증, 무뇌증

③ 스틸 베스트롤(임신 초기): 질, 경에 선중, 선암의 원인

- 항생제

① 태트라싸이클린: 태아는 사지가 짧아지고 임부는 치아에 착색

② 스트랩토마이신: 태아는 귀가 먹고 임부는 신장부전으로 인하여 소변이 나오지 않음

- 아니소 나이아지드(결핵약): 무뇌아

- 리팜피신: 기형성

③ 겐타, 가나마이신: 태아는 귀먹고 임부는 신장부전

④ 크로람페니콜(회색증후군): 태아의 심장허탈 초래

- 기타: 메트로 니다졸, 디란틴, 디아제팜, 벤닥틴 등이 모두 위험하다. 특히 모르고 먹는 수입약 중 아들 낳는 약이라는 「마이칼」등 정체불명의 약품이나 수면제, 항경련제, 아스피린, 마약과 당뇨치료제로 쓰이는 돌부라이트, 인슐린 등은 특히 금해야 될 약들이다.

각종 공해의 피해

공업화, 기계화 과정에서 화학약품을 많이 쓰는 부산물로 증산을 위한 농업이 살충제를 많이 쓰며, 간편하게 먹을 수 있는 인스턴트식품이 상용되면서부터 오염된 공해는 심각하게 나타나고 있다.

대표적인 것 몇 가지를 분류 설명하면,

① 대기 중의 분유분진에 포함된 벤즈파이렌과 니트로파이렌

② 수돗물 중에 포함된 트리하로메탄

③ 곡물에 잔류한 유기염소계 농약(암의 원인)

④ 해산물에 흡수된 수은(성인의 신경장애의 원인)

⑤ 모체에 축적된 수은(태아의 신경발달 저해, 신생아 뇌성마비의 원인)

⑥ PCB로 오염된 식용유를 먹은 임부(태아 9명 중 2명 사산, 2명 조산, 신생아 피부이상과 색소침착)

⑦ 대기 중의 아황산가스(태아의 사망률과 관계), 대기 중의 일산화 탄소(태아의 기형과 사망에 관계)

⑧ 납, 비소, 중금속의 체내 축적(모든 질병의 면역성 감소)

⑨ 농산물과 식품 가운데 재배과정, 가공과정에서 화공약품이나 첨가물, 즉 조미료, 착색제, 산화방지제, 방부제 등은 급·만성 질환, 발암성, 불임성, 정서불안, 알레르기 반응의 원인이 될 수 있다.

특히 겨울철 실내의 연탄가스, 석유난로(곤로) 등으로 나빠진 공기는 자주 환기를 시켜주지 않으면 태아에게 좋지 않은 영향을 줄 수 있다.

이웃나라의 태교관습

여기 나라마다 다른 태교관습 몇 가지와 각국에서 연구되고 있는 태교의 방향을 간단히 소개한다.

아랍의 여자들은 임신하면 낙타 젖을 받아먹는 습관이 있다. 이유는 태어날 아기가 후에 대상(隊商)이 되어 몇만 리의 긴 사막을 여행할 때 인내심이 길러진다고 여기고 있기 때문이다.

일본에서는 이상한 이야기로 임부에게 개밥을 주게 하는 관습이 있다. 이 뜻은 개처럼 아기를 많이 낳으라는 옛 관습이라고도 하고 혹은 개처럼 주인의 뜻을 받들며 충직하라는 뜻이라고도 한다.

오스트레일리아에서는 임신부를 4가지 유형으로 구분하여 조사하고 있는데, 그중 원치 않은 아기를 갖은 어머니(파괴적 유형)는 임신 중 심한 병적 증상을 보였고 조산, 체중미달, 정서적 문제아를 낳았으며, 이상적 어머니 유형은 임신이 순조로웠고 편안했으며 출산 후의 아기도 정신적, 신체적으로 건강하였다고 임부의 마음가짐에 주의를 하고 있다.

인도에서는 임신부의 안정을 해치는 일체의 행위를 금하고 있다. 구자(求子)를 함에 있어 임부의 거친 호흡이나 불안감 등은 좋지 않으며 또한 어지러움도 태아에게는 나쁜 것으로 보고 있다. 인도에는 계절적으로 4가지 재해가 있는데 그중에서도 홍수와 '사이크론'이란 태풍이 있어 이 시기를 잘 넘기기 위하여 조심하고 시바신에게 열심히 기도를 드린다. 더욱이 유명한 경전 『바가밭기타』에 "여자가 이성을 잃으면 민족은 망한다"고 경고하고 있어 성문제와 임신 중 몸가짐에 각별한 주의를 한다.

인도네시아의 임신부는 금기로 파상무늬가 있는 쿠풀, 열매를 먹어서는 안 된다. 이것은 태아의 심성이 삐뚤어진다고 전해지기 때문이다. 또한 살생은 태아에게도 상처를 입힌다고 여기고 있는데 이는 같은 동양권의 불교적 가르침의 영향이 아닌가 한다.

이스라엘에서는 임신을 하면 열심히 책을 읽는다. 우리에게 익숙해진 『탈무드』가 바로 그것인데, 이는 세계에서도 가장 오랫동안 지켜져 내려온 훌륭한 태교방법이다. 좋은 글을 읽음으로 해서 아기의 지능을 발달시키는 영재교육과도 일맥상통한다는 『탈무드』는 유대의 Bible이지만 그보다 실천철학이나 삶의 지혜를 담은 내용이라 평할 수 있다. 노벨수상자의 32%를 배출한 이스라엘, 이것을 내용별로 보면 물리학상에 23%, 의학상에 25%, 문학상에 30%로 민족의 우월감은 세계를 주름잡을 정도다. 우리나라에도 유대인의 철학, 교육, 지혜, 육아, 상술, 국가관, 격언, 두뇌개발, 생활 등 여러 권의 번역판이 소개되어 있으니 기회가 있는 대로 골라 일독하길 바란다.

영국은 데니스 스토트, 워니코트 등에 의해 태아연구가 발전을 보았는데, 태아는 무엇인가 느끼고 이해하고 있음을 간파했고, 스웨덴에서는 웨덴 부르크(청각 생리학자－칼트린스 연구소)에 의해 발생연구가 이루어져 태아는 배 속에서도 듣고 있음을 확인한다.

뉴질랜드 앨버트 릴리 부부(국립산원대학)는 태아가 들을 수도, 느끼기도 하는 존재라는 증거를 제출하여 획기적인 계기를 마련하고 있으며, 이탈리아에서는 '레오나르도 다빈치'의 수기에 "어머니의 소망은 임신했을 때 태아에게 감화가 된다. 의지나 희망 혹은 정신적인 고통까지도 태아에게 영향을 준다. 그러므로 혼은 두 개의 육체를 지배한다"라고 하여 구주의 심리학자들에게 연구의 문을 열어 주었다. 또한 미국의 심리학자이며 태아문제 전문가인 토머스 버니(트론토대학교)는 생애교육센터에서 임신부들을 대상으로 연구한『태아는 알고 있다』라는 책을 저술했으며, 서독의 이고르카르초(잘츠부르크대학교)는 의학의 발달과 기구, 기술의 고도화에 따른 적극적 태아연구를 진행 중이고, 예비부모의 건강과 정신상태는 임신부의 태교 다음으로 중요하다고 교육하고 있다.

끝으로 우리나라는 오래전 단군 해모수 왕 때부터 태모에 대한 법을 만들고 교육은 태훈(胎訓: 태교)으로부터 시작했다는 근거가 발견되어 더욱 깊이 연구 중이다.

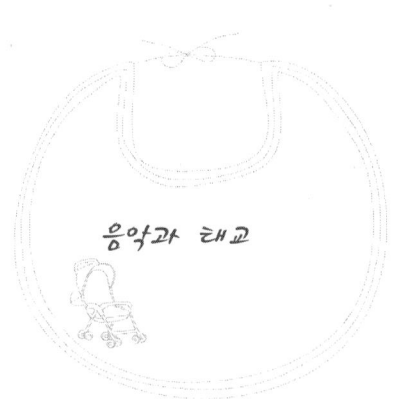

음악과 태교

유럽, 일본 등지에서는 음악과 태교를 연구하고 있다. 예를 들면 임신부가 '하이든'이나 '모차르트'의 음악을 즐겨 들으면 태아는 성격이 낙천적으로 되고, '브람스'나 '베토벤'의 음악을 즐겨 들으면 태아는 신중한 아이가 된다는 것이다.

독일 사람들은 임신을 하면 '바로크'의 음악을 즐겨 듣는데, 그 이유는 이 음악을 듣고 자란 아이들이 태어나면 심성이 곱고 믿음성이 깊어진다고 한다. 일본의 구르오카 라지메는 태아는 정서적인 음악이나 리듬 있는 음악을 좋아한다는 연구보고로 동경 FM의 태교음악을 발전시켰다.

좋은 음악은 우리의 벗이며 정서문화에 큰 몫을 차지한다. 감수성이 예민한 청춘시절의 음악은 고독을 달래주고 우울증을 없애주며, 여러 사람이 모여 노는 파티음악은 분위기를 한층 흥겹게 해주고, 조용히 명상하고 싶을 때는 마음을 가라앉혀 주는 역할도 한다.

그런데 임신부에게 있어 음악은 또 다른 면을 가지고 있다.

- 혈압이 오를 때는 '차이콥스키'의 부드럽고 아름다운 「백조의 호수」나 '베토벤'의 「전원 제3악장」, '드뷔시'의 「바다」 또는 「달빛」을 들으면 효과가 있다.
- 불안하거나 초조할 때는 느긋하고 안정감 있는 것보다는 권위적인 음악을 듣는 것이 효과적이다. 불안을 잊기 위해서는 대범한 선율과 안정된 리듬을 지닌 명랑한 곡, 즉 '베토벤'의 교향곡 8번과 6번, '베르디'의 가곡, '모차르트'의 소나타 또는 '라흐마니노프'의 피아노 협주곡 2번 등을 들으면 좋다. 또한 정도가 심할 때는 웅장한 '바흐'의 종교음악이 좋다.
- 집중력을 높이려 할 때는 '하이든'의 현악 4중주 제17번이나 '모차르트'의 바이올린 소나타 제22번을 들으면 좋다.
- 흥분을 가라앉힐 때는 '모차르트'의 「터키행진곡」이나 '슈베르트'의 「군대행진곡」 등이 효과가 있다.
- 우울할 때는 먼저 애조를 띤 슬픈 음악을 들은 후 차츰 밝고 활발한 곡으로 바꾼다. 이때 민속음악이나 어릴 때 즐겨 듣던 음악을 곁들이면 더욱 효과적이다. '차이콥스키'의 「비창」이나 「우울한 세레나데」로 시작하여 '바흐'의 「브란덴부르크 협주곡 5번」에서 '버르토크'의 「헝가리 민요」, '브람스'의 「대학축제 서곡」, '하이든'의 「천지창조」, '야냐체크'의 「청춘」을 듣다가 온화해지면 '모차르트'의 「호른협주곡」이나 '바흐'의 「브란덴부르크 협주곡 3번」 등 밝은 곡으로 바꿔 들으면 효과가 있다.
- 임신 초기의 조용한 기대와 미래의 기원으로 안정된 주위를 만들고자 할 때는 '슈만'의 「트로이메라이」나 '페라리'의 「성모의 보석」, '마네스'의 「타이스의 명상곡」이나 '멘델스존'의 「봄」,

'바흐'의 「G선상의 아리아」나 '생상스'의 「백조의 호수」 등을 들으면 마음이 안정되어 임부에게 가장 좋은 환경이 될 것이다.

— 임신 5개월이 넘으면 동적이며 서정적인 면에서 '차이콥스키'의 「안단테 칸타빌레」나 「꽃의 왈츠」가 좋고 '모차르트'의 「피아노 콘체르토 2악장」이나 '리스트'의 「사랑의 꿈」, 「잠자는 숲속의 미녀」 중에서 '파노라마' 등이 좋다.

— 출산을 앞둔 임부의 감정을 달래고 희망을 주기 위하여 '슈만'의 「노래의 날개」나 어린이 정경 중 「먼 나라에서 제1부」, '베토벤'의 「피아노 콘체르트 5번 황제 중 2악장」, 경음악으로는 「아기코끼리의 춤」이나 「닥터 지바고의 춤」 등도 좋다. 그러나 출산의 진통 때는 '베토벤'의 「월광 소나타」 2, 3악장을 들으면 좋다고 하며, 출산 시에는 음악 대신 아빠의 음성을 들려주면 아기는 안정되어 출산이 용이해진다고 한다.

— 출산 후, 아기가 울거나 잠을 안 잘 때는 요사이 개발된 태내음(心音)이라 하여 엄마의 심장 고동소리를 들려주면 스르르 잠이 든다고 하며, 아빠의 음성도 도움이 된다고 한다.

지금까지 대개가 고전 위주의 서구음악이 선택됐지만 우리 것(민요, 가곡 등)도 개발돼야 한다는 명제를 안고 노력을 경주하여야 하며, 유행가나 가요는 그리 바람직하지 않다고 음악전문가는 말한다. 청력학자 '크래맨츠'에 의하면 태아가 좋아하는 음악은 '모차르트'와 '비발디'의 작품이라고 한다.

태내에 있을 때와 출생 후의 관계

미국의 동물학자들은 여러 가지 재미있는 실험을 하고 있다. 쥐를 가지고 미로를 만들어 놓고 좋아하는 음식을 끝에 놓아 둔 다음 길을 잘 찾는가에서 지능지수를 알아내기도 하고, 돼지나 소에게 버튼은 누르면 일정한 양의 먹이가 나오게 하는 장치를 만들어 놓고 노력을 안 들이고 자신이 필요한 양식을 찾아 먹게 하는 실험도 한다.

동물들이 먹이를 먹을 때 음악을 들려주면서 어떤 음악이 식욕을 돋우는지 또는 반복해서 들려주어 사람과 같이 좋아하는지에 대한 실험도 하여 음악과 동물과의 관계를 잘 설명하고 있다.

그런데 어느 곳에서는 태내에 있을 때와 출생 후의 관계를 실험하기 위하여 달걀 두 꾸러미를 가지고 병아리로 인공부화하는 동안에 한 꾸러미에는 클래식음악을, 다른 꾸러미에는 팝송을 들려주었다고 한다. 인공부화하여 병아리가 된 다음 그 두 줄의 병아리에게 같은 팝송을 들려주었더니 부화하기 전 달걀 시절에 팝송을 들은 병아리는 눈이 말똥하고 먹이를 먹는데, 클래식을 듣던 줄의 병아리는 꾸벅 꾸벅 졸기 시작하여 먹을 생각을 않더라는 것이다. 그래서 클래식을 듣던 병아리에게 다시 클래식 음악을 들려주니 그때서야 비로소 생기가 나며 쪼르르 먹이가 있는 곳으로 몰리더라는 것이다. 결국 동물에게도 태내에 있을 때의 영향을 발견했다는 것으로, 태내에서 받은 영향은 태어나서 같으면 익숙하여 편안하게 되지만 다르면 거부반응이나 도피, 회피현상을 일으키게 된다는 것을 알았다.

미국에서 출산 때 아빠를 대기시켜 놓고 아기가 출산될 때 달려가 내미는 아기머리에 손을 댄다는 것도, 세상에 처음 나오는 태아에게 거부반응을 없게 하는 데 그 목적이 있다는 이야기와 같은 것이 아닌가? 태교는 바로 이런 이치에서도 더욱 필요성을 느낀다.

태내에 있을 때 좋은 영향을 받고 자란 아기가 태어나서도 역시 좋은 일을 할 수 있는 성품이나 재질을 타고난다는 것이다. 자신은 서부영화나 오락물 등만 보고 지내다가 아기가 태어나서 착한 성품으로 공부를 잘하기를 바라는 것은 무리한 요구이다. 아기의 10개월, 280일 동안의 태내 생활은 동물 진화의 몇백만 년에 해당하는 진화의 연속이며 아무것도 쓰여 있지 않은 흑판이나 백지 상태의 아기에게 엄마는 하나하나 기록하여 만들어 나가는 것으로, 무엇을 기록되게 하며 어떤 영향을 줄 것이냐 하는 것은 오직 임부 자신에게 주어진 과제라 할 수 있다.

아무쪼록 귀여운 아기, 영특한 아기, 건강한 아기를 위하여 태교를 명심하여 실천할 것을 권한다.

영재아 가능한가?

영재교육, 천재교육, 지능개발, 두뇌개발 등 사람의 머리를 좋게 하는 방법을 찾아 우리는 부단히 노력하고 있다. 이는 좋은 현상이다. 그런데 과연 머리를 좋게 하는 방법이 없을까 하고 찾아보니 아주 없는 것은 아닌데 그것이 시기냐, 장소냐, 방법이냐에 관심이 간다.

노벨상을 수상한 뇌 박사, 교육을 전달하는 학자, 심리학을 연구한 사람, 인성을 연구한 사람 등 각계에서 여러 가지 해답을 하고 있으나 간단명료한 해답을 얻기란 쉽지가 않다. 그래서 원초적인 곳으로부터 분석을 해보니 몇 가지가 발견되는데 이는 우선 좋은 두뇌는 잘 타고나야 되고, 잘 타고난 두뇌를 개발, 육성하는 교육이 필요하다는 것이다.

그러면 유전이 아니냐고 할는지 모르나 그것은 아니다. 지능은 유전이 아니라는 것이 이미 밝혀졌기 때문이다. 여기에서 발생문제나 태내 영향문제가 제기된다. 이것이 태교로서 출생하기 전 태내의 형성, 발달 과정에서 좋은 영향이 필요하다는 것이다.

과학적으로 태교를 설명하라는 요구가 있지만 과학이 입증하고 있는 것을 예로 들고, 반대로 잘하지 않아 빚은 화를 예로 듦으로써 이해하는 데 도움이 됐으면 하는 것은 결과론에서이다. 영특하고 총명한 아기는 임부가 건강하고 정서적인 환경에서 온다. 정서적인 환경이란 임부의 편안한 마음가짐과 좋은 느낌이다.

과연 그런 것일까 하여 총명하지 못한 아기의 발생원인을 캐보았더니 임부가 화를 내거나 근심하거나 하는 데서 왔다. 이럴 때 태아는 엄마의 뇌하수체에서 아드레날린이라는 호르몬 분비물이 전달되어 혈관을 수축시킴으로써 혈류의 감소를 가져온다. 이때 태아의 뇌는 잠시라도 산소 결핍상태가 됨으로 발달을 저해받게 된다. 그뿐 아니다. 두려워하거나 놀라거나 하면 선천성 병의 원인이 될 수도 있다. 그래서 임부는 늘 명랑하고 편안한 마음가짐을 갖는 것이 머리 좋은 아기를 낳는 데 필요한 조건이라 할 수 있다.

태아는 발생 10주가 되면 뇌세포가 급템포로 증가하기 시작해서 정상발육 5개월부터 10개월 사이에 전체의 80%가 형성되는데, 이때 뇌 활성화를 위한 노력이 중요하다. 임부는 좋은 책을 읽거나 쉬운 문제풀이를 하거나 하는 것이 좋다. 잘못 알고 텔레비전의 수사극을 본다거나 만화책을 보는 것 등은 금물이다. 일을 할 때에도 경쾌하게 하는 것이 좋으며 과로는 해롭다.

또 훌륭한 섭생은 때맞춰 음식을 먹는 것인데, 입에서 당기는 것을 고루 섭취하는 것이 좋다. 아무리 필요한 영양이라 해도 편식은 금물이다. 임부가 가장 필요로 하는 것은 맑은 물과 맑은 공기(산소)로 임부는 자주 산소결핍이 되는데 이는 신진대사가 원활하지 못한 데서 온다. 태아는 탯줄을 통과하는 피로 호흡하고 섭생하고 배설까지 하므로 혈액이 탁하면 대사가 원활하다고 볼 수 없으며 맑은 혈청은 영양분보다 맑은 공기와 맑은 물의 공급이다. 태아의 뇌도 마찬가지로 이것을 요구한다.

이웃나라 일본에서 자주 숲 속을 거닐라고 말하는 이유가 여기에 있다. 뇌세포의 주성분은 단백질, 지방, 당분인데 당분은 에너지원이라고도 하며 여기에 산소를 빼놓을 수 없다. 만약 산소가 부족하게 되면 뇌의 활동에 지장을 초래한다. 그래서 임부가 음주하는 것은 해롭다는 것이고, 아빠의 흡연도 임신부가 있는 방에서는 피하도록 권하는 것은 담배연기 자체의 해도 있지만 탁한 공기의 흡입이 태아에게 주는 영향 때문이다.

음식을 만드는 데 필수라는 조미료에도 화학조미료의 주성분인 글루탐산소다는 과용하면 뇌세포에 이상을 준다는 연구도 있으나 분량을 맞추는 것과 가급적 자연적인 식생활 쪽에 머리를 좋게 하는 방법에 속하며, 무엇보다도 임부의 평온 유지에 유의하면 좋다고 한다.

자연출산을 권장

　출산은 순리에 따르는 자연출산이 있고, 어려워서 병원에 의탁하는 인공출산 그리고 그보다도 더 어려워 기계에 의존하는 경우가 있다. 그런데 뭐니 뭐니 해도 자연출산보다 더 좋은 출산은 없다. 신은 인간에게 잉태의 기쁨과 잘 양육할 수 있는 방법과 출산하는 데 필요한 길인 산도(産道)를 잘 만들어 놓으셨다.

　알고 보면 이 오묘한 길은 신비스럽기만 하다. 출산일이 되어 적당한 진통과 함께 필요한 만큼 팽창하는 산도는 탄생하는 태아에게는 꼭 필요해서 만들어진 길이다. 자동차가 다니는 길이 있고, 사람이 다니는 길이 따로 있듯이 태아도 출산하기 위한 길이 있다.

　그런데 어떤 사람은 그럴 수 없는 사람이 있다. 그 사람은 신체적 구조가 잘못되어 있거나 아기가 잘못되어 어쩔 수 없이 다른 길을 택할 수도 있다. 그러나 그런 이유 말고 아기가 너무 커서 자연분만을 할 수 없을 경우가 있다니 이런 경우는 뭐 잘못된 원인이 없나를 살펴야 된다.

원래 우리나라에서는 "아기는 작게 낳아 크게 키워야 된다"는 할머니의 가르침이 있었다. 이것은 곧 철학인데 이것을 모르고 영양분을 과잉섭취하여 이와 같은 경우를 만들 수 있기 때문에 지적하는 것이다. 그래서 태교하는 사람은 이런 우(愚)를 범하지 않게 하기 위하여 원천적으로 섭생으로부터 다스린다. 시대는 변하고 맛있는 음식을 쉽게 먹일 수 있어 좋은 세상이지만, 너무 잘 먹는 것도 태아에게는 해로울 수 있기에 잘못될 일은 미리 알아둠이 좋을 것으로 느낀다.

무통분만

현대여성은 아기를 쉽게 낳고자 하는 사람이 많은 것 같다. 그것은 누구나 바라는 바라 하겠지만 신의 섭리 쪽에서 보면 꼭 그렇게 하는 것이 옳은 것만은 아니다. 하나의 생명이 탄생하는 데 마치 장난감을 생산하는 것으로 착각하는 것은 금물이다.

미국에서 온 유명한 조산원 한 사람을 의학회의가 끝난 다음 만났더니 "아니, 왜 한국에서는 제왕절개를 그렇게도 좋아합니까?" 하기에 "그것이 무통분만으로 좋지 않습니까?" 하였더니 "아니요, 그렇지 않아요. 미국에서도 한때는 그러했지만 벌써 20여 년 전에 거의 없어졌는데, 이유는 제왕절개에서 오는 새로운 화근이 발견되고 더 연구해야 할 문제가 발견된 때문"이라고 하며 "물론 출산 중 10% 내외는 어쩔 수 없이 제왕절개를 안 할 수 없는 임산부도 있지만 무통분만이 유행병처럼 되어서는 안 되겠습니다"라고 열을 올려 이야기하는 것을 보았다.

요즈음은 줄고 있는 무통분만(제왕절개)을 꼭 필요한 사람을 제외하고는 삼가야 하는 까닭은 잘못되어 어떤 원인이 될 수 있다는 이유에서이다. 기형아, 저능아, 정박아, 정신질환아 등을 조사하기 위하여 그들을 수용하고 있는 학교, 학원 등지를 찾아봤더니 출산 시의 이상으로 된 아이들 중에 그 원인이 제왕절개에 있었다는 아이들이 있었다.

병원에서 잘못한 일이 있을 리 없겠지만 결과에서 본다면 문제는 있다. 언젠가는 밝혀지겠지만 현대과학이 마이크로카메라를 발달시켜 자궁 안에 투입하고 의학적으로 여러 가지 실험에서 연구, 보고한 것을 보니, 제왕절개를 하려고 놓은 마취주사에서부터 절개하기 위해서 매스를 가할 때의 태아의 모습 그리고 꺼낼 때의 여러 가지 양태를 계속 연구하고 있으니 좋은 결과와 새로운 사실이 밝혀지리라 믿는다.

아이가 너무 크거나 잘못 앉아 있어서 어쩔 수 없이 꼭 필요한 사람에게는 몰라도 유행을 따르는 일이라면 삼가는 것이 더 좋다는 뜻에서 이 글을 소개하는 것이며, 이는 곧 신의 섭리나 자연의 순리를 따르는 길이기 때문이다.

『탈무드』는 유대인의 Bible이다. 그런데 어떻게 이스라엘 여성들이 임신하여 『탈무드』를 열심히 읽는다고 훌륭한 교육(태교)이 되는지 궁금하다. 그래서 『탈무드』의 특징을 살펴보니, 『탈무드』는 몇 년에 한 번씩 당대의 석학(碩學: 랍비)들이 모여 변한 시대의 새로운 지식, 철학, 문학, 과학, 종교, 의학 등 모든 분야에 걸쳐 나타난 새 지식 중 기록할 만한 것을 찾아 보완(2~3페이지)한다고 하는데, 그것이 수천 년 동안 내려왔으며 그중에는 처세술에 관한 것도 있다고 한다. 상식 적으로 분석을 해 봐도 이런 지혜를 집성한 책을 임신부가 자세를 가 다듬고 열심히 읽는다면 아기의 두뇌발달에 어떤 영향을 끼칠지는 짐작하고도 남음이 있다. 전 세계 노벨수상자의 32%가 유대인이라는 점에서 증명되지 않나 생각되며 얼마 전 이집트와 이스라엘 전쟁 때 미국에 있던 이스라엘 학생들이 조국의 위태로움을 보고 있을 수 없 다 하며 공부하던 미국을 떠나 이스라엘로 갔다는 애국심도 바로 이 훌륭한 태교로부터였음을 알 수 있었다.

또 꼭 과학적인 규명을 원하는 분에게는 언젠가는 해답이 있지 않겠느냐는 생각으로 뒤로 미루고, 유형은 다르지만 우리도 인간의 성품을 훌륭히 만드는 것을 무엇보다도 중요시했다고 하는 각도에서 태교서적이 있었음을 첨가해둔다.

수천 년 동안 우리는 인간에게 중요한 것은 성품이라고 가르쳐왔다. 50여 년 전 서양철학자 '아널드 토인비'가 21세기 이후의 세계는 동양 사람이 주도하게 될 것이라는 이야기나 인도의 시인 '타고르'가 우리를 일컬어 '동방의 별'이라고 칭찬한 시구를 생각게 하며, 2,500년 전 중국의 '공자'는 "동쪽에는 군자의 나라가 있다"고 했다는데, 우리는 단군 때부터 벌써 인간교육을 태훈으로부터 시작했음을 볼 때 같은 동양권에서도 우리 태교의 훌륭한 점이 밝혀질 때가 곧 올 것이라 믿는다.

제2의 창조주

유대인의 격언 중에 "하나님은 언제 어디에나 계시지 않는다. 그래서 어머니라는 존재를 만들어 주셨다"라는 말이 있다. 이 말은 어머니란 자녀의 육체를 만들어줄 뿐만 아니라 그 자녀의 정신과 성품 그리고 두뇌와 건강 또 기질이나 인격까지 나아가서는 재능이나 잘잘못 모양까지도 만들어 주는 제2의 창조주와 같다는 말이다. 다시 말하면 이러한 과업을 하나님으로부터 위임받은 존재이다. 현대 발달심리학은 아기에게 절대적인 영향력을 행사하는 존재로서 어머니를 꼽고 있다.

사실 아기의 용모로부터 성격, 적성에 이르기까지 어머니의 영향을 떠나서 이루어지고 발달되는 행동 특성은 훨씬 더 자라면서부터이다. 아기는 어머니의 손길이나 음성을 느껴 알게 되며 어머니는 직감으로 아기의 불편함과 불만족함을 알고 또 그 원인도 곧 알 수 있다. 울음소리에 배가 고픈지, 오줌을 싼 건지, 어디가 아픈지를 구별하며 눈빛을 보아서 불편을 직감하고 손을 만져 보는 것으로 컨디션을 안다. 모자를 연결하는 어떤 조화, 무한한 가능성을 지닌 태아의 생육(生育)은 하나하나 피라미드를 쌓아 올리는 것과 같은 노력의 축적으로 됨에 정녕 신의 섭리가 존재함을 느끼게 한다.

아기는 어머니와의 일체감으로 합일하고 또 그것을 소원한다. 갓난아기에게 젖을 먹인다는 것은 비단 그것이 영양을 섭취시키는 것뿐만이 아니라 몸의 접촉에서 교감(交感)한다는 것이며, 이로써 오는 만족감은 아기의 식욕증진, 소화촉진, 나아가서 감각기관의 기능을 발달시킨다. 그리고 애정 어린 시선과 음성은 호흡하고 잠자고 쉬고 배설하는 등의 생활리듬을 얻게 된다. 그러므로 모자의 잦은 피부 접촉과 오감육각의 대화는 아기가 세상에서 대처할 용기와 지혜를 키워 나가고 무럭무럭 성장하게 하는 것이다.

우리 조상들은 일찍이 이런 것을 터득하여 태교라는 가르침을 만드셨다. 요즈음 서구의 과학이나 의학에서 연구가 활발하지만 우리는 일찍부터 그것을 알고 행한 문화민족이라는 긍지를 잊기 말아야 할 것이다.

모성(母性)

"여성은 위대하다", "어머니는 세상에서 제일 존경받는 존재이다"라는 말이 있다. 그런데 남성은 부정(父情)으로 표현된다. 왠지 모르지만 어머니는 특수한 존재임에 틀림없다. 물론 모든 사람은 어머니로부터 태어났다. 그러나 혼자의 힘으로 된 것은 아닌데도 불구하고 최고 훈장은 어머니에게로 돌아간다. 왜 그런 것일까?

여기 모성에 의한 이야기 몇 가지를 살펴보기로 하자. 불 속에 자기 아이가 있다는 소리를 듣고 물불 가리지 않고 뛰어들어가 아기를 구해내고 타 죽은 어머니의 이야기로부터, 아기를 너무 사랑한 나머지 에밀레종을 만드는 데 아기 없이는 소리가 나지 않는다 하여 죽음에까지 이르게 한 봉덕어미의 슬픔 어린 이야기, 청상과부로 한평생을 살며 자식 하나 잘 키우려고 자신의 인생 전부를 바치며 희생하는 어머니들은 흔히 듣는 이야기이고, 행상 노릇 하는 어머니, 리어카를 끌며 온갖 서러움을 받으며 자식 뒷바라지하는 어머니, 삯바느질로 연명하며 아들을 대학까지 보낸 어머니, 아들의 명예를 위하여 나쁜 사람을 죽이고 살인누명을 쓴 어머니를 위하여 변호인은 "어미사자가 새끼를 보호하기 위하여 곰을 죽였다고 죄가 될까요?"라고 변호할 만큼 모자간은 특수한 연계체이다.

많은 여성이 어머니가 되면 초인적인 인격자가 된다. 아내로서보다도 어머니가 된 것을 자랑스럽게 생각하는 이가 많다는 것을 잊지 말자.

계모 이야기

모자(母子)는 불가분의 관계로 여러 가지의 불가사의한 일들이 많다.

그중 강원도 어느 산골에서 전해져 내려오는 이야기로 계모 이야기가 있는데, 이 계모는 마음씨는 착한데 전처의 소생과 자기가 낳은 자식을 차별해서 키우는지 전처자식은 대꼬챙이같이 말라만 간다고 소문이 자자했다. 그래서 하루는 동네 아낙네들이 모여 의논하기를 도대체 어떻게 차별하여 키우나 살펴보자고 하며 잘 때 문틈으로 들여다보았다. 그런데 이상하게도 자기가 낳은 자식은 옆방에 재우고 전처의 자식을 품에 안고 자는 것이 아닌가! 혹 잘못 본 것이 아닌가 하여 뚫어지게 번갈아 보고 있는데, 갑자기 계모의 몸에서 김이 무럭무럭 솟더니 문틈으로 빠져나가 건넌방에 있는 자기가 낳은 자식에게로 가서 흡수되는 것이 아닌가! 그러자 그 아이의 얼굴에 생기가 솟으며 새근새근 잠을 자더라는 것이다.

원래 훌륭한 성품을 지닌 이 계모는 고운 마음씨로 전처의 자식을 품에 안고 잠을 잤지만 신의 섭리랄까, 식성 탓이랄까, 이 불가사의한 모자의 관계는 보는 이의 눈을 의심하기에 충분했다.

그래서인지는 몰라도 이 사실을 모르는 사람의 입장에서는 자기가

태몽에 얽힌 이야기

태몽이란 정신적 문화권이라는 동양인의 풍습에서 많이 나온다. 훌륭한 아들을 잉태하여 큰 인물을 만들겠다는 소망과 용꿈을 꾸고 잉태한 사람이 훌륭한 인물을 낳았다는 경험철학의 산물이다. 그러나 서양의 꿈의 박사라는 '프로이드'(1856~1939)도 꿈은 아무 의미가 없는 것이 아니고 생시에 있었던 어떤 바람의 성취라고 했다. 바라던 일이 반대로 나타날 수도 있고, 걱정했던 일이 어떤 형상으로 나타날 수도 있는 무의식의 현현(顯現)이라 하며 잠재의식의 발로라고 한다.

우리나라에서는 주사야몽이라 해서 낮의 생각이 밤에 이루어지는 것이라는 설과 꿈은 반대의 현상으로 나타나니 해몽을 더 잘해야 한다는 말도 있다(꿈보다 해몽). 그러나 좋은 꿈이 좋은 결과를 가져오는 일이 있어 소개하면, 정몽주의 어머니는 난초화분을 안는 꿈을 꾸고 아들을 낳아 이름을 몽란이라 지었다가 몽란이 9살 때 낮잠에서 검은 용이 뜰의 배나무 위로 기어 올라가는 꿈을 꾸고 깨어나 보니 몽란이 실제로 배나무를 타고 있다 하여 몽룡이라 했다가 후에 다시 몽주라 고쳤다 한다.

김유신의 어머니는 동자가 황금으로 만든 갑옷을 입고 방 가운데로 들어오는 꿈을 꾸고 태기가 있었는데 20개월 만에 낳았다 하며, 무학대사의 어머니는 아침 태양이 가슴을 뚫고 들어오는 꿈을 꾸고 잉태하였다 한다.

강감찬의 아버지는 나무하러 산에 갔다가 잠깐 쉬는 사이에 용을 품에 안는 꿈을 꾸고 하산하다 날이 저물어 민가에서 밤을 지냈는데 한 해가 지나서 어느 여인이 찾아와 당신 아기라 하며 안겨주고 갔다.

이성계의 어머니는 백일기도를 드리고 온 날 밤, 꿈에 구름을 타고 내려온 관리가 남편에게 옥황상제의 선물이라고 자(尺) 하나를 주며 장차 동국지방을 측량하라는 말을 전하고 올라갔다 한다.

서산대사의 어머니는 나이 오십이 다 되어 여름에 낮잠을 자는데 어느 할머니가 나타나 "그대는 장부를 갖겠기에 인사하러 왔다" 하고 사라진 후 태기가 있었다 한다.

사명대사의 어머니는 꿈에 오색구름을 타고 높은 산에 올라 바라보니 티끌 한 점 없는데 어디서 맑은 바람이 일며 백발의 신선이 내려오는 것을 보고 잉태하였다 한다.

삼국유사에서 원효대사의 어머니는 유성을 품에 안는 꿈을 꾸고 아들을 잉태하고, 출산할 때 오색이 찬란한 구름이 땅을 덮어 장차 크게 될 인물로 알았다고 하며, 중국의 모시(毛詩)에서는 곰의 꿈은 남자를, 뱀은 여자를 낳는다고 적혀 있으며, 중국의 좌전(左傳)에서는 천사가 난초를 바치는 꿈을 꾸고 목공(穆公)을 낳았다는 이야기가 전해져오고 있다.

유전과 육아

어릴 때는 영재, 천재라고 불리던 아이가 자라면서 평범한 성인이 된다든가, 어린 시절에는 별로 눈에 띄는 일이 없던 아이가 중학교나 고등학교에 다니면서부터 서서히 두각을 나타내는 일이 있다.

이런 것들은 아버지로부터 받은 유전자의 영향이 나타나지 않고 단지 어머니로부터 받은 영향이 컸음을 입증하는 것으로, 태내나 유아기의 어머니의 공이었다고 말한다. 그때 어머니로부터 받은 유전은 평범한 것이고 커 가면서 달라졌다는 것은 아버지로부터 받은 좋은 유전이 서서히 나타난 것으로 간주된다. 물론 아버지나 어머니가 다 같이 우수한 경우가 좋겠지만 그렇지 못할 경우라 하더라도 어머니의 훌륭한 교육적 노력은 훌륭한 기반이 이루어져 후에도 잘할 수 있게 된다는 데 어머니의 임무와 역할이 존경받게 되는 것이다.

일반적으로 우리의 가정 형태는 주로 어머니가 육아를 책임지고 가정교육을 담당하는 것으로, 자녀가 훌륭해지면 어머니의 자랑이요, 잘못되면 이 또한 어머니의 수치로 이야기하게 됨은 유전의 관계가 그렇게 큰 영역을 커버하지 못한다는 데 있다. 다시 말하면 아버지로 부터 훌륭한 유전이 되지 못했다고 하더라도 그 영향이 드러나기까지 어머니의 교육에 의해서 훌륭한 기반이 이루어졌다면 훌륭하지 못한 아버지로부터의 유전은 억제될 수도 있다는 것이다.

또 어머니로부터 훌륭한 유전을 받은 경우라 하더라도 아이들이 단지 그 유전자를 지녔다는 것만으로 뛰어나게 되는 것은 아니며, 그에 못지않은 어머니의 보살핌과 교육에서 갈고닦아 빛이 나게 해야 되는 것으로 인간 형성에 있어서 어머니의 책임이 얼마나 막중한가는 누구나 잘 아는 바다.

동서고금을 막론하고 역사상 위인의 배후에는 틀림없이 훌륭한 어머니의 숨은 노력이 있었음을 본다. 요즈음에 많은 가정에서 자녀를 훌륭히 키우기 위한 교육이 4세부터 2세, 다시 0세까지로 당겨서 영재교육의 차원으로 발전하고 있는 것은 좋은 현상이다. 그러한 노력을 할 수 있는 사람은 늦지 말고 태어나기 이전, 태내로부터 시작하는 것이 바람직하지 않을까 생각된다. 왜냐하면 사람의 바탕이 태내에서 형성되기 때문이며 영재적 소질도 태내에서 시작되기 때문이다.

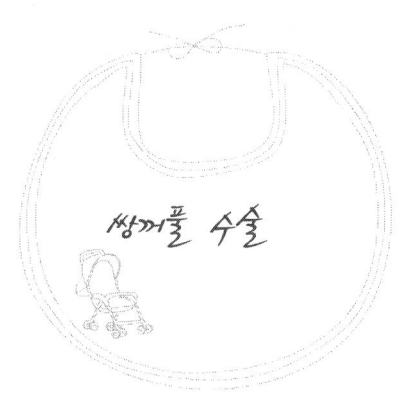

쌍꺼풀 수술

의술의 발달로 인하여 눈 쌍꺼풀 수술을 하는 여성이 늘어나고 있다. 여성과 미의 창조라는 의미에서 보면 잘한 일인지도 모르겠으나 수술이 잘못되어 보기 흉한 몰골이 되었다든지 또는 자연스럽지 못하고 어딘가 어색하게 보여 안 한 만 못한 일을 했다고 비웃게 되는 경우가 있다. 그런데 그보다도 임신 중에 할 일이 없어 눈에다 칼을 대느냐고 꾸중하는 것을 보았다. 사실 이것은 잘못돼도 뭔가 크게 잘못된 일이다.

인체를 분석해보면 이목구비, 오장육부 등 어느 곳 하나 불필요하거나 중요하지 않은 부분은 없다. 그중에서도 눈은 아주 중요한 부분으로 외형적 미보다는 실제적인 기능에 있음은 잘 아는 바다. 그러면 이 눈에 이상이 있다면 어떤 고통을 겪어야 할지 생각해보자.

맹인의 어려움으로부터 색맹, 색약, 원근시의 시력장애, 각종 안질 등 헤아릴 수 없을 만큼 무수한 고통이 뒤따르는데 그 원인은 유전으로부터 태내의 영향까지 망라된다. 눈은 우주의 원리와 같이 둥글며 임신 초기 2주 후부터 발생하여 보고 알게 하는 능력, 보고 느끼게 하는 능력, 아름다움을 판별하게 하는 능력 등을 갖추어 여기에는 어떤 손상도 가해져서는 안 된다는 것이다.

임신 중에는 손가락 하나 베는 것도 아기에게 영향이 있다고 가르쳐왔는데 하물며 돈을 써가며 눈에 칼을 댄다는 것은 어리석기 그지없는 일이라 아니할 수 없다. 임신 중에 새끼를 꼬아서 태아 목에 탯줄이 감겼다는 이야기나, 형사가 범인을 수갑 채운 날 밤 부인과 합궁하여 임신한 아기가 출산 시에 보니 목에 탯줄을 감고 나왔다는 L 씨의 글에서뿐만이 아니다. 태중에서의 영향에 대해서는 그 예를 나열하기 어려울 정도로 많다. 그중 눈에 칼을 댄다는 것도 마찬가지다.

금기(禁忌)라는 말

금기라 함은 하지 말라, 피하라는 뜻이다. 어떤 이는 우리나라에는 금기가 많아서 나쁘다고 한다. 그도 그럴 것이 사람은 누구나 능동적이요, 활동적인 것이 현대인데 억제를 시키니 좋을 리 없다. 그러나 태교서적을 자세히 살펴보면 꼭 그렇지만은 않다. 즉, 임신 중에는 좋지 않으니 삼가라는 뜻이요, 나쁘니까 하지 않겠다는 자율적인 교육의 의미이지 강제의 뜻은 아닌 것이다.

요즈음 과학이나 의학에서 밝힌 것을 봐도 나쁘니까 하지 않는 것이 좋다는 것 등이 계속 나오고 있다. 식품이나 약에서도 마찬가지다. 이것은 현대의 금기이다. 분석해보면 각종 공해, 세균감염, 유독성 식품, 정신적 스트레스, 심리적 갈등, 약에서 오는 화, 모르고 한 일에서 오는 화, 소홀히 해서 오는 화, 너무 과하게 먹는 데서 오는 화, 유행을 따르는 데서 오는 화, 알아도 잘못 아는 데서 오는 화 등 각종의 화(禍)가 있다. 이런 것들을 옳은 방향으로 이끌어주지 않으면 큰 불행을 초래한다.

어떤 이는 모르고 먹은 감기약으로 인해 기형아를, 어떤 이는 신경질이 심하여서 아기가 정신착란 증세로 가끔 뭔가를 휘두르는 일, 어떤 이는 보약만 복용했다는데 선천성 질환이 있는 아이를 낳았고, 훌륭한 품격을 갖춘 어떤 여성은 병원에서 분만해 아무 이상이 없어야할 텐데 아기를 정박아 수용소로 보내놓고 매주 한 번씩 들른다고 하는 이 등, 이런 일이 30:1의 확률로 나타난 것을 보면 이 무서움은 당한 사람만의 문제가 아닌 것이다. 임부가 될 사람은 미리 알아 소홀히 하지 말고 실천하는 것, 즉 별난 음식 안 먹고 별난 행동 안 하려는 것이 곧 금기인 것이다.

율무와 닭살 이야기

태교 강의 도중 어느 임신부의 질문이다.

"책에는 율무가 나쁘다고 쓰여 있고, 현대 영양학에서는 단백질을 많이 함유하고 있어 몸에 좋다고 하던데 이는 어떤 것이 옳은가요?"

사실 알고 보면 율무는 모체에는 유익하나 태아에게는 나쁘다고하는데, 임신 중기 이후에는 크게 나쁘다고 할 이유는 발견되지 않고임신 초기, 즉 세포분열이 막 시작되는 시기는 중요 장기가 형성되는시기와 같아 과단백은 해로울 수도 있다는 결론이다. 이는 태반이 약해져서 발육부진이 될 염려가 있다는 것으로 과실에 있어 꼭지가 부실하면 결실이 잘 안 되는 것에 비유하면 좋겠다.

또한 임신 중 닭고기를 먹으면 아기의 피부가 닭살같이 된다는 말이 있는데, 이를 고증하기 위하여 태교에 관계된 옛 책들을 모두 뒤져 보았지만 거기에 관련된 근거를 발견하진 못했다. 아마도 민가에서 와전되어 전해진 말이 아닌가 싶다. 또한 오리고기를 먹으면 손가락이 붙은 아기를 낳는다는 말도 역시 태교와 관계된 책에서 찾아볼 수 없었다. 단지 "오리고기와 오디를 무침하여 먹지 말라. 이는 횡산이나 역산의 우려가 있다"고 쓰여 있다.

그러나 금기음식 중에 상식이나 과학적 사고로 조사해보면 우리 태교의 근간(根幹)이 정신이나 심리적인 것에 기초하고 있는 것을 볼 때 이상한 동물, 섬뜩하게 느껴지는 음식, 찝찔한 맛을 내는 별난 음식은 되도록 삼가는 것이 좋다고 하고 있다. 닭고기나 오리고기도 같은 맥락에서 새겨봄이 어떨지?

남성의 태교 1

　신혼의 남성들에게 태교를 알리고자 하는 것은 얼마 동안 잊었던 우리 문화의 재발견이라는 측면도 있지만 보다 우수한 인간의 출산이라는 명제와 그 가능성의 과학적 반증과 더불어 "아비가 낳고 어미가 기르고 스승이 가르치는 것은 한 가지다"라고 하는 『태교신기』에도 연유한다.

　아비 없는 잉태란 있을 수 없다. 의학에서 말하는 정자와 난자의 만남이 자궁에 착상하여 10개월 동안 태내에서 키워진다는 것은 과학이나 물질문명적 표현이다. 동양의 정신문명에서 표현한다면 인간 탄생에 있어서 최소한 어떤 섭리가 아니고는 잉태조차 되지 않는다고 한다. 사실 수억 개의 정자가 일시에 쏟아지나 그중에서도 적절한 시기에 선택된 것이 아니고는 어찌 만남이 이루어지겠느냐는 것이고 또 이 만남도 남성이 주지 않는 만남이란 상상할 수도 없는 일이다.

　남성이 주는 것, 이것이 어떤 것일까? 막상 사랑이 무엇이냐고 묻는다면 빨간 것인지, 둥근 것인지 설명하기 힘들 듯이 여기서도 주는 것이 어떤 것인지 아는 사람은 아무도 없다. 그러나 분명히 좋은 것, 아름다운 것, 훌륭한 것을 줄 수만 있다면 골라 주고 싶은 마음이 누구에게나 있을 것은 자명한 사실이다. 그러면 어떻게 하여 좋은 것을 줄 수 있을까 하는 것을 불가능의 염불이라 할 필요는 없다.

여성이 아기를 가져 열 달 동안이나 고생하며 태교를 하는데, 남성은 아무 책임이 없다면 이건 조물주가 실수한 것이다. 남녀평등을 주장하는 시대에서 보면 남성에게도 책임이나 임무가 주어져 있다는 생각에서 남성의 태교가 거론되는 것이다.

알고 보면 남성은 태교에 관한 한 복 받은 인간이다. 여성이 아기를 갖고 열 달 그리고 아기를 낳아 스승에게 맡기기까지의 육아를 생각하면 남성은 아주 쉬운 하루의 태교가 있다. 이것을 일일지교(一日之教)라 한다. 이를 다시 현대어로 표현한다면 '일일지행'이라고 행(行) 자를 쓰거나 노(勞) 자를 쓰면 더 좋겠으나 하여튼 부부의 성생활 중 잉태를 위한 방사는 다른 때와는 달라야 한다는 말이다. 다시 말해서 건강하고 정기 바르고 영특한 아기를 바란다면 그런 아기가 될 수 있는 절제와 노력이 담겨 있는 옳은 방사를 해야 한다는 것이다.

남성은 단 하루의 태교가 있어 쉽기는 하나 유형이나 시기, 장소를 따지자면 좀 까다로워진다. 옛글 구자법(求子法)이란 것을 보면 서민층에서는 혹 소홀히 할 수도 있었으나, 가문이 있는 집에서는 남성도 훌륭한 손(孫)을 보기 위해 태교를 열심히 했다고 씌어 있다. 그러므로 자손은 훌륭하게 태어났고 또 잘 가르쳐 훌륭한 인물이 되었다는 것인데 이것이 곧 남성에게 지워진 임무이며 원천적으로 중요한 잉태의 태교라고 하는 것이다.

그래서 "태어나 10년 스승에게 교육받기보다 태내의 10개월 태교가 더 중요하다" 했고 "보다 중요한 것은 하루 아비의 몸가짐과 마음가짐이다"라고 가르치고 있는 것이다. 여기서 남성의 태교가 얼마만한 비중을 차지하고 있는가를 알 수 있다. 그렇다면 남성의 태교란 어떤 것인가? 요약하면 우선 6가지 수칙을 들 수 있다.

즉, ① 건강한 심신의 소유자가 돼라. ② 욕구가 충만해야 한다. ③ 시기와 장소를 잘 선택하라. ④ 일정기간은 절제하는 자세가 좋다. ⑤ 절제기간은 꿈을 키우고 노력하라. ⑥ 원하는 바를 머리에 새겨라.

한편 금기사항은 다음과 같다.

① 정기가 바르지 않을 때는 피하라. ② 병에 걸려 있지 마라. ③ 약하거나 불결하지 마라. ④ 잡생각을 하지 마라. ⑤ 술에 몹시 취해 있거나 약물복용 때는 피하라.

이상 몇 가지를 열거하였는데 이해를 돕기 위해 한 가지 예를 들어보자.

강원도로 가는 고갯길에 주막이 하나 있었다. 하루는 주막에 객이 머무는데 텁수룩한 수염이며 외모는 별로 볼품이 없는 선비였으나 주막여인이 넌지시 물으니 과거를 보기 위해 공부하다가 하산하는 길이라 하였다. 주막여인은 과부로 혼자 살고 있었는데, 잉태를 하고 싶어 했던 터였는지 그 남자와 하룻밤을 같이 지내고자 했다. 그래서 특별히 큰 상을 차려 대접하고 미리 장만해두었던 새 침구를 꺼내어 깔고 그 남자에게 청을 넣었다. 그 전에는 외간남정네 맞는 것을 일체 거부하였으나 이번에는 특별히 자진해서 요청한 것이다. 그러나 객은 완강히 거부하면서 미안하다는 표시를 했다. 변명인즉, 자신은 과거에 꼭 합격해야 하므로 그 전에는 절대로 그런 일은 할 수 없다는 것이었다. 결국 과부의 꿈은 수포로 돌아가고 객은 떠났다. 그 후 그 객이 과거에 합격하고 우연히 그 주막을 지나치다 문득 그때의 일이 떠올라 주막을 들렀다. 그 여인이 반가워하는 눈치에 이번에는 객이 과수댁에게 하룻밤 동침하기를 청하였더니 의외로 과수댁이 거절하더라는 것이 아닌가? 이상히 여긴 객이 다음 날 물어본즉, 그때 자신이 요청했던 일은 오랫동안 과거공부를 하느라 축적했던 훌륭한 정기를 받고자 한 것이지 아무 때나 외간남자에게 몸을 내놓은 일은 없다고 하더라는 것이다.

여기서 태교의 가장 중요한 부분인 남성의 태교(一日之敎)의 의미를 이 여인은 알고 있었다는 이야기로 역시 잉태를 위한 남성의 방사는 평범한 성교가 아닌 절제된 정기 또 그 절제가 어떤 뜻이 있는 절제로서 아기는 그런 때의 정기를 받고 태어나야 좋다는 한 토막의 옛이야기이다.

요즈음 서구문명이 물밀듯 들어와 우리는 많은 혼란을 일으키고 있다고 생각되는 때가 종종 있다. 성 개방시대라 하여 때와 장소를 가리지 않고 아무렇게나 만드는 아기가 있다면 좀 생각해볼 일이 아닐까?

부부생활에 있어 성교는 자연스러운 것이므로 어떤 시기나 장소가 꼭 따로 마련되거나 규정이 있다는 것은 물론 아니지만 진정 훌륭한 아기를 출산하고자 하는 마음가짐이 있는 사람에게는 그렇지도 않다는 것, 즉 일반적인 부부생활과 구별된 잉태의 태교가 있다는 것을 알아둘 필요가 있다. 혹이라도 과학적인 입증이 되느냐고 묻는 분에게는 그것을 떠나서라도 음미해볼 만한 가치가 있지 않느냐고 되묻고 싶다.

우리 고사(故事)에는 여기에 관련된 많은 이야기가 있기 때문에 정신문명의 차원에서 풀어 보는 것도 재미있을 것으로 본다. 이는 또한 부부생활이나 가정화목을 위해서도 도움이 되는 일일 것이다. 그러고 나서 배턴을 여성에게 넘기면 그때부터 여성은 10개월 동안 열심히 실천적 태중교육을 하게 될 것이다.

새 생명이 발생하여 세포분열을 하며 성장하는 과정을 동물 진화 과정에서 본다면 몇백만 년에 해당한다. 이때 생성하는 생과 사고는 아기를 훌륭히 만드는 데 큰 도움이 된다. 또 뇌가 형성되는 시기에 우수한 머리가 되게 하는 노력, 훌륭한 품격의 인간을 낳기 위해 강하고 정서 있는 생활, 출생 후 매사에 끈기와 지혜로 대처할 수 있는 기질의 인간을 만드는 데 필요한 환경, 여기에도 남성이 할 수 있는 현대적인 의미의 협조의 태교가 있다.

그래서 현대인은 태교를 여성 혼자 하는 것으로부터 진일보하여 남성과 같이함으로써 +50의 결과를 기대한다고 한다.

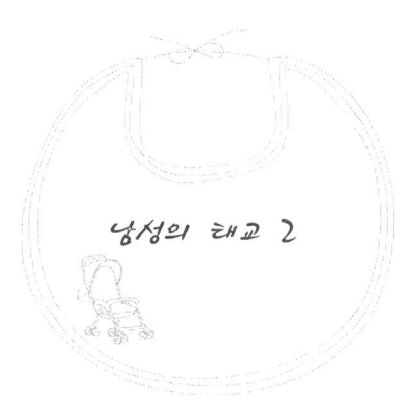

현대는 남성이 음식을 만드는 데도 같이하고 바캉스도 같이 가고 가정생활도 같이한다고 한다. 반대 입장에서 여성도 돈을 버는 데 투신하고 마이카시대에 운전도 한다. 이렇게 생활패턴이 변하고 보니 육아를 하는 데도 남성이 협조를 한다. 옛날 어른들이 보면 망측스럽다고 할지 모르나 시대는 변했다. 이 변한 시대에 적응하기 위해서라기보다는 실제로 태교에 관한 한 남성의 협조는 중요한 면이 있다.

그것은 임신한 여성의 정신적, 심리적 환경을 정서적으로 안정시키는 데 도움을 주는 것이다. 정신적, 신체적으로 너무 피로하지 않게 옆에서 도와주는 것이 곧 아기를 훌륭히 자랄 수 있게 하는 협조의 태교에 속한다. 가령 반대의 경우를 예로 들면 비협조라는 것은 돈 버는 데 너무 신경을 쓰게 한다든지, 술을 과하게 하고 부부싸움을 일으키는 것, 임신한 것을 무시하고 자주 부부생활을 강요하고, 드라이브를 즐긴다고 사고 난 현장을 목격하고 하고, 집을 자주 이사하거나 헌집을 뜯어고치는 것, 새집을 짓는 것 등에 여성을 참여시키는 것 혹은 임신 중에 성생활이 나쁘다고 외도하는 일, 거기서 병이라도 옮아오는 일 등은 비협조의 태교이다. 그래서 훌륭한 아기를 바라거든 임부의 마음의 동향, 변하는 식성, 행동의 불편함에 신경을 써주어야 한다.

되도록 편하게, 되도록 안전하게, 되도록 적당한 운동을 하게끔 협조해주어야 한다. 사람의 바탕이 태중에서 형성된다는 것을 알고 훌륭한 바탕이 형성될 수 있게 도와주어야 한다. 이런 것이 남성이 할 수 있는 협조의 태교에 속한다. 왜냐하면 아무리 여성을 위하고 싶어도 임신을 대신할 수 없기 때문이며 낳고 난 다음 잘못되었다 해도 인간은 제품생산같이 다시 만들 수는 없기 때문이다. 아들 딸 구별 말고 하나만 낳겠다는 시대에 대응하기 위하여 꼭 한 번밖에 없는 기회이니만큼 미리 알아두고 잘하지 않으면 안 되겠다.

제6장

우리나라의 전통태교

우리는 단군의 자손

우리의 선조 '단군성왕'은 백산(白山, 現 백두산)에 도읍하고 나라를 세우니 그 땅이 아사달(阿斯達)이요, 성모가 계시는 땅이라 일컬었다.

신화에서 곰과 호랑이의 이야기가 나오나 요사이 밝혀진 『환단고기(桓檀古記)』에 의하면 곰은 웅촌(熊村), 호랑이는 호촌(虎村)이 잘못 전해진 것으로, '단군'은 '환웅'의 손으로 47대의 단군조시대가 있었으며, 그전 '환웅'은 18대, 그 위에는 7대의 환인시대가 있었다.

지구 상에 세 군데의 인류 발상지가 있는데 하나는 메소포타미아, 둘째는 백두산, 셋째는 이집트로서 우리는 인류 발상지의 하나인 백두산에서 태어난 배달민족으로 그 명맥이 이어진 유일한 민족국가인 것이다.

아득한 옛이야기이지만 그때의 우리 땅은 만주 일대는 물론 중국의 일부까지도 포함하고 있었다 하는데, 군웅할거와 영토전쟁의 소용돌이 속에서 점점 좁아져 백두산 이남의 한반도만이 남게 되긴 했지만 요즈음 발견된 만주 하얼빈의 고구려 광개토왕비와 여러 곳에 산재해 있는 유적들에서도 그 입증이 되어가고 있는 실정이다.

36년간의 일제침략에서 나라 잃고, 재산 잃고, 문화는 짓밟히고, 성씨까지 빼앗길 뻔했던 악몽의 시대가 있었으나 『환단고기』에 의하면 1,300년 전 화려했던 백제의 문화가 일본에 전승되었고, 유적들이 고분에서 발견되고 더군다나 1,800년의 일본의 역사(황실의 역사)는 전부가 백제의 역사(왕실의 역사)라고 하는 배꼽이 빠질 정도의 이야기가 일부 학자에 의해 명실 공히 밝혀지고 있다.

일본의 조상이라는 '스사노오노 미꼬도'는 백제왕의 개명한 이름으로 백제인의 작명이라는 말이 바로 일본 역사학자의 손으로 쓴 『실크로드의 천황가』에 역력히 나타나고 있다. 일본의 역사학자들이 모인 세미나에서 이 증거를 대고 발표하여 '가지마노보류'에게 그 제시한 자료에는 손색이 없어 반박할 수는 없으나 꼭 그렇다고 믿기란 그리 쉽지 않다는 말로 얼버무렸다는 이야기는 우리를 충분히 통쾌하게 하고도 남음이 있다. 일본의 토종 아이누족들은 백제의 힘에 눌려 저 꼭대기 추운 지방으로 쫓겨 가 지금은 얼마 남아 있지 않다 하니, 이는 침략을 좋아하던 일본인들에게 경고가 될 만하다. 또 하나 일본 역사학자가 우리 단군을 자기네도 모시고 있다 하는데, 알고 보니 '이세신궁'이라는 일본 역대의 훌륭한 천황(아마데라스 천황, 텐무 천황, 맨이지 천황)을 모신 곳에 단군의 위패와 초상도 있다는 이야기다.

역사란 하나의 이야기가 아닌 여러 가지의 입증이 필요한 것이므로 앞으로 모든 것이 정확하게 밝혀지기를 바라는 마음에서 여기서는 입수된 자료를 근거로 한 일부 재미있는 부분만 소개하는 데 그친다.

현재 쓰고 있는 '마을'이란 말의 어원도 옛날의 망아신을 모신 곳 '망아라'가 후에 '마라'가 되었다가 다시 바뀐 말로, '망아라'라는 말은 사람의 몸에서는 머리요, 눈이요, 입이요, 말이요, 젖이라 한다(유안진의 글에서).

이렇게 아사달의 땅 백산 혹은 밝산이라는 땅을 근거로 우리 민족은 존귀한 여인을 아씨라고 불렀는데, 이는 어머니라는 뜻이기도 했다. 어머니는 고향인즉, 배따, 배달, 배어들이라 하여 그것이 배달민족의 어원의 시작이 되었다 하며, 단군은 단굴이란 어원을 지니고 있다.

여자는 곱고 예쁜 밤하늘에 비치는 달에 비유한 말 '딸'이며, 남자는 넓은 하늘에서 환한 빛으로 온 누리를 밝게 하는 안달, 즉 '아들'이 된 것이라 한다. 어머니는 아사달, 즉 아씨땅으로 성모가 계시는 곳이라고 하였는데, 『삼국유사』에도 박혁거세를 서술성모(西述聖母)가 낳은 바라고 어머니를 성모에 비유하고 있으며, 고구려의 동명왕도 어머니 '유화(遊化)'를 곡모신(穀母神)으로 모셨다. '유화'는 어랑아로 수신(水神)의 딸이요, 달빛의 자손이란 뜻으로, 곧 용(龍)이라 했다. 어머니는 땅이요, 물과 달의 원리가 합쳐진 생산의 기능을 갖춘 존재라 하여 '마마'라 하였는데 이는 젖(맘마)과 먹을 것(마)이 합쳐진 말이 아닌가 한다. 곧 어머니는 신이요, 생산능력의 소유자로 추앙받는 창조자였다.

여기 좀 더 자세히 우리의 기원(起源)을 설명하면, 처음 등장하는 '환인(桓因)'이라는 분은 '나반'과 '아만'으로부터 출생하여 7대를 내려오면서 3,301년을 기록한다. 이는 환하다, 밝다, 크다는 의미로 해석되는데, 전설적인 인물 같기도 하지만 『환단고기』에서 밝히고 있는 것과 1만 2천 년 전 최후의 단기 빙하기에 인류가 잔존할 수 있었던 3대 유역 중에 두 번째로 꼽히는 곳이 우리나라 백두산 근처였다는 것이 미국의 하버드와 영국의 옥스퍼드, 케임브리지대학교의 인류학자들에게서 긍정적으로 받아들여지고 있다는 점, 특히 영국학자들에 의해 밝혀진 14만 년 전 빙하기에서 백두산 존속설과도 관계가 있어 새겨볼 만하다.

두 번째로 등장하는 분은 그간에도 자주 입에 오르던 환웅(桓雄)이시다. 18대를 1,565년간에 걸쳐 내려오면서 우리의 기원을 이룩하셨는데, 환인의 땅 히말라야(흰머리), 파미르고원(파머리)으로부터 북경을 거쳐 만주에 이르는 넓은 광야를 누비다 백두산에 오셔 정착하셨다 한다.

"무리 3천을 거느리고 백두산 신단수(神壇樹)에서 신시를 이룩한 환웅님은 이화(理化)세계의 시조시니 곰(熊) 겨레와 호(虎) 겨레에게 삼신(三神)이 주신 쑥 한 다래와 마늘 20개를 먹고 100일간 햇빛을 보지 말라는 금기에서 3·7일을 금기한 곰 겨레가 여자로 화하여 박달나무 밑에서 기도하고 환웅천왕께서 밝사람이 되게 서로 혼인시켜 역사를 이을 아이를 낳게 하셨다"는 설도 있다. 이렇게 하여 우리의 역사는 시작되었다.

세 번째로 단군님은 47대에 2096년을 이으셨는데, 지금으로부터 4,318년 전이요, B.C. 2,333년 전의 일이라 한다.

그런데 현재까지 우리의 역사가 신화설에 의존하고 있는 것은 중국의 요나라 임금 이후가 되어야 한다는 역사의 아이러니라고나 할까? 과거의 많은 역사가 강자에 의해 불살라지고 말살되었기 때문에 더 많은 증거가 밝혀져야겠다. 일설에 의하면 중국의 '공자'도 한국인계라 하며 일본의 '텐무 천왕'도 백제의 '의자왕'이라고 하는 근거를 보이고 있는 데서이다.

이조 '세종대왕'께서 창조하신 한글도 벌써 이전 단군조 1717년(B.C.

2180년)에 정음 38자로 된 '가림토'라는 우리글이 있었다는 것이 단군 가륵 2년에 '을보륵'에게 명하여 만든 『훈민정음』 서문에도 나오며, '정인지'의 『봉교서』에도 "글자는 옛글을 보고 만든다"라고 나와 있다. 일본사람인 '가미다나'의 위패가 가림토문자로 되어 있다는데 얼마 전까지만 해도 이를 반박할 자료가 없었으나 이제 밝혀지고 있다 한다.

현대의 '하' 자는 '아'와 비슷하게, '주다'는 'ㅈㅜ다'로 옆으로 표기되어 있다고 하는데 얼핏 비슷하게 느껴진다. 그런데 어째서 자료가 될 만한 것이 남아 있지 않은지, 다른 한편에서는 문화말살정책이란 얼마나 무서운 것인가 하는 것도 생각게 한다.

역사의 한 장(章)인 단종 2년 8월에 보면 "상국의 명이 지엄하니 빨리 글을 거두라"라는 구절이 있는데, 여기서도 남아 있던 옛글을 없애는 장면이 연상된다.

고구려 동천왕 18년에 전 역사책을 불사르고, 백제 의자왕 때 전 역사책을 불사르고, 신라 경순왕 때 포석장에서 왕을 죽이고 지하 서고까지 불사르고, 고려 인종 4년(1129)에 남은 것을 마저 불사르고, 조선 태종 때 서대문 형무소 자리에서 유교를 배척하기 위해 불사르고, 조선 선조 26년 임진왜란 때 불사르고, 다시 조선 병자호란 때 경복궁을 완전히 불바다로 만들었으니 그 무엇이 남았겠으며, 일제 36년간은 지능적, 조직적으로 문화말살을 했으니 그럴 수밖에 없었다. 그뿐 아니라 서울, 수색에서 한 번에 수만 권씩 불태웠다는 것과 그나마 남아 있는 책은 외국에서 비싼 돈을 주고 사갔다 하니 우리의 현재를 알 만하다.

만시지탄의 감은 있으나 어디선가 외국사람들의 손에서라도 이런 것이 밝혀지고 있으니 천만다행으로, 이제라도 우리 것을 찾을 수 있으니 그저 부분적이나마 참고가 되고자 한다. 태곳적 이야기라 하지만 잘못 전해진 우리 역사를 옳게 알고자 하는 데 잘못이 있을 수 없고, 잘못 알려진 수치는 빠른 시간 내에 고치는 일이 시급하다. 아무쪼록 역사학자들의 손에 의해서 확실한 것이 밝혀질 것을 바라며 적은 자료에서 발췌한 일부를 소개함을 송구스럽게 생각한다. 그러나 태교도 역시 고증을 하다 보니 우리 것이 훨씬 훌륭했다는 증거가 있으므로 이런 것은 다 발굴하여 갈고닦아야 되지 않겠느냐는 관점에서 공통점이 발견되었기 때문이다.

『환단고기』에서 보니 북부여시대 혹은 원시 고구려시대인 단군 '해모수' 왕 8년 10월 양태모의 법을 만들어, 가르침은 태훈(胎訓)으로부터 시작했다는 근거가 나오는데, 이는 일찍이 우리가 인간발생이나 태중의 가르침을 중요시했다는 것을 또 동양의 어느 나라보다 앞섰다는 것을 알 수 있다. 잘못됐던 과거는 있으나 훌륭한 문화민족으로 내일을 밝히기 위하여 긍지와 보람을 찾아야겠다.

한국 여성과 문화발전

한국 여성들은 "집에서 아기를 키우거나 부엌일 하는 데만 열중했다"라는 말은 잘못된 표현인 것이 밝혀지고 있다.

비교문화를 연구하며 미국 예일대학교에서 강의를 하는 '전혜성' 교수에 의하면 조선 중엽으로부터 후반기에 나타나는 업적이 가정 속에서는 물론 그 외에도 사회문화 특성을 키우는 데 여성의 공헌한 바가 크다고 한다. 유교가 압도적으로 지배하던 조선사회에서 불교의 탄압을 완화시킨 왕가의 여성들의 업적은 매우 크며, 미풍양속을 오늘날까지 계승시켜 조상을 받드는 의식으로 승화시킨 점, 남녀유별의 강한의식을 완화시켜 균형을 이루게 한 점 등과 지식과 기술 면에서도 한글보존과 한국 문화의 발전을 위해 작품을 쓰고 번역과 인쇄를 통해인쇄체, 인쇄술을 발전시켰다는 것이다. 그중에는 『불경』과 『여훈』(女訓: 1434~1797), 『삼강행실도』(1434), 『내훈』(1475), 『여사서』(1776~1800), 『오륜행실도』(1797) 등이 있다.

또 외국에 사신으로 간 아들이 어머님께 드리는 문안편지는 한글

로 쓰게 한 점이나, 유배된 선비들이 정적에게 전하고 싶은 말을 '시'
나 '가사'로 읊되 한글로 써서 기생의 입을 통하여 퍼지게 한 점 등에
서도 엿볼 수 있다고 한다. 한글로 쓰인 소설 등이 많이 보급되게 된
것도 그중 한 원인이다.

미국에 이주한 여성들의 면모에서 보면 한국의 특징인 효소식품을
발전시킨 것과 정력제라는 건강식품을 들 수 있는데, 효소식품이란
주로 술, 간장, 된장과 식초 같은 것, 특히 김치, 깍두기 등의 우리 고
유음식을 미국사람들도 즐길 수 있게끔 했다는 것이다.

물론 일본에서도 요사이는 불고기와 김치가 대인기라 하는데, 그
외에도 효소식품은 모두 우리에게서 간 것이라는 것을 1809년 '빙허
각 이씨'의『규합총서』에서 보면 알 수 있다. 당시의 가정백과사전이
라는 이 책에는 죽만도 30종, 육류, 야채, 해산물 등 다양하게 넣어 만
드는 건강식 요리방법이 기록되어 있다.

중국의 요왕(堯王)이 불로장수를 위하여 한국에 불로장수식을 문의
했다는 이야기와 더불어 우리의 고유 차(茶)류를 보존 발전시키는 것
을 국제화시대의 밑천이라 할 수 있다.

이런 점에서 볼 때 한국문화의 유산이 오늘에 이르러 자랑스럽게
빛나게 된 원인은 여성이 이바지한 바가 적지 않다고 말하고 있다.
젊은 여성들도 새겨듣고 외국 것을 모방하려는 풍조는 점점 바뀌어
져야 되지 않을까 한다. 물론 아기를 훌륭히 갖는 일로부터……

일본에 이진 우리 문화

일본에서 인간문화재로 추대된 도예가이며 가구공예가인 '쇼지' 씨의 말을 빌려 우리 문화를 재조명해보니 그들은 우리 문화의 깊이를 무한히 흠모하고 있다. 다른 나라 것은 그 이유나 기법 등을 분석, 모방할 수 있으나 조선 것은 이유나 그 깊이를 알 수 없어 모방하려 해도 모방이 되지 않는다는 것이다. 그 이유는 조형 속의 자연이나 자연 속의 조형같이 깊이를 잴 수 없을 정도이기 때문이다.

가령 조화되지 않는 것 같으면서도 잘 조화되고, 멋없이 만들어진 것 같으면서도 멋의 깊이가 깊어 따라갈 수 없는 경지에 이르고 있으며, 무심한 표현력 같은 깊은 경지의 조화는 무한한 따스함과 포근한 감쌈, 오래 간직해도 싫증이 나지 않는 작품의 경지는 감히 우리가 접근할 수 없는 진가의 예술성이어서 우리의 고향과도 같고 스승의 작품과도 같은 느낌을 주고 있다.

예를 들어 영국의 작품을 보면 정교하고 어려운 것 같지만 잘 분석하고 모방해보면 그 경지에 도달하기가 쉬우나 조선의 것은 그럴 수가 없다. 어떻게 그런 착상을 했는지 그것보다 더 잘할 수 있을 것 같으면서 그 이상의 것을 만들려 해도 그 이상의 것을 허락하지 않는 것, 평범하면서도 흉내 낼 수 없는 작품의 냄새는 두고두고 본받게 하는 예술이다. 그러므로 조선의 작품은 우리의 고향이라고 말할 수 있으며 도자기, 목공예품, 그림(벽화) 등은 우리에게 영향을 미친 바가 크다.

돌아가신 우리 아버님의 말씀을 다 기억하지는 못하나 어렴풋이 기억나는 것은 조선에 대해 이야기하시며, 조선 작품의 훌륭함을 이야기하실 때는 한없는 설명을 하시며 극구 칭찬하시던 것을 기억한다는, 대를 이은 후손의 이야기에서 느낀다. 일본에 미친 우리 문화의 자랑이 재조명되면서 우리는 잃었던 과거를 찾지 않을 수 없다.

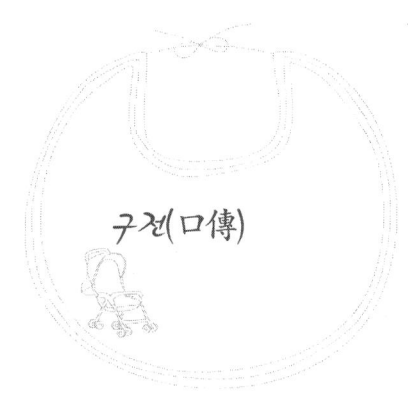

구전(口傳)

1. 구전이란 글이 아닌 입에서 입으로 전해져 내려온 것이다.

물론 역사나 꼭 전해져야 할 가르침 등은 글로 전해지고 있으나 그렇지 못했던 우리의 입장이 있었다. 그래서 우리 문화의 많은 부분이 구전으로 전해진 것을 볼 수 있는데, 바로 태교도 그런 단면인 것을 묵과할 수가 없다. 그리고 태교의 가르침이 구전으로라도 전해져 왔음을 돌이켜볼 때, 어느 가정에서도 태교를 안 하고 아기를 낳은 집안이 없다는 것을 우리는 알고 있다. 할머니가 어머니에게, 어머니가 다시 며느리에게 아기를 갖게 되면 이러 이렇게 해야 된다고 가르쳤고 혹이라도 부모를 떠나 사는 젊은 부부에게는 이웃에 사는 아주머니나 할머니가 가르쳐주었다. 그래서 우리는 문화민족으로서의 맥이 이어진 것이다.

우리나라 태교의 근원을 거슬러 올라가 보면, 단군조(B.C. 232년) '해모수' 왕은 법을 만들고 사람 가르치는 것을 태훈(胎訓)으로부터 시작했다는 것을 옛 자료에서 엿볼 수 있다. 그러나 그 원본 '태훈'은 찾을 길이 없으니 이후에라도 혹 발견되기를 바라는 마음 간절하나 현재로선 구전되어 내려온 근거에만 의존하고 있는 형편이다.

수천 년을 내려오면서 갈고닦고 잊어버리고 변하기는 했으나 뿌리가 되는 근본이 남아 있음은 바로 이 구전에 있었다고 보인다. 외세의 침략을 당하고 서적은 불태워졌으나 어머니들의 입을 통해 현재까지 잊거나 잃지 않고 간직한 채 전해진 것이다.

인간은 태내에서 모든 것이 만들어지므로 이때에 조심하며 삼가고 절제하여야 한다. 먹는 것을 가려 먹어야 하며, 행동하는 것을 조심해야 하고, 말하는 것을 삼가는 것, 이것이 곧 태교의 가르침이다. 그래서 오늘날 우리는 동방의 등불이요, 역사의 중심지가 동양으로 옮겨지는 이 순간에 대처할 태세를 갖출 수 있게 됐는지도 모른다.

앞으로는 보다 더 훌륭한 방법이 모색되어야겠으나 구전으로라도 우리의 문화가 이어져 내려오게 한 어머니들의 잠재력에 존경의 뜻을 표하며, 이제부터 새로운 어머니가 될 미혼여성들에게도 이 뜻이 전해지기를 바라는 마음에 몇 줄 옮긴다.

2. 제주도에서 결혼하고 서울에 와서 아이들을 키운 고 선생 부인은, 자기는 태교에 관한 책은 읽은 적이 없었으나 태교에 대하여는 알고 있어서 임신 중에는 스스로 안정했고 정서적인 생활을 했으며 말하는 것, 행동하는 것, 음식을 가려먹는 것은 물론, 명절에 송편을 빚을 때는 예쁘게 빚어야 예쁜 딸을 낳는다고 하여 예쁘게 빚으려고 노력했었던 옛이야기를 기억한다고 했다.

어느 고등학교 학생들이 X-max 파티에서 사과를 깎아 놓으며 나온 이야기로, 어느 여학생의 언니가 결혼하여 아기를 잉태했는데 어머니가 가르치시길, "애야, 예쁜 아기를 낳으려면 이 사과를 깎을 때도 예쁘게 깎아야 예쁜 아기를 낳는다고 했다" 하며 구전된 태교의 어느 부분을 말씀하시더라 하니 모두 "와!" 하고 폭소를 터트렸다 한다. 이렇게 태교는 어른들의 가르침에 의하여 구전으로 전해진 것을 엿볼 수 있다.

또 고향이 개성인 어느 손씨 문중 이야기인데 자신의 집안은 만두를 좋아하여 식구들이 모두 모이는 날에는 만두잔치를 베풀었는데, 그때 집안에 임신한 사람이 참석하게 되면 그 사람에게 화제를 돌려 "아기를 가진 사람은 만두를 예쁘게 빚어야 한다" 하며 천천히 해도 좋으니 예쁘게 빚도록 지도하던 일을 기억한다고 했다.

구전된 태교는 이렇듯 각양각색으로 집안마다 동리마다 있었다. 이것은 임신 중의 행실, 즉 실천의 태교에 속하는 것으로 미혼여성, 가임여성들은 과연 나는 어떻게 할 것인가 생각해볼 만한 문제이다.

옛날 성교육 이야기

엄격해서 대화가 없었던 구시대, '남녀칠세부동석'이라고 남녀가
함께 있는 것을 7살 때부터 떼어 놓고 양육하던 옛날 우리 사회에도
성교육의 풍습이 있었다. 주로 아들을 낳는 것을 목적으로 했다는 이
교육은 결혼날짜를 잡으면 합궁일을 좋은 날로 택할 것을 기억하도
록 가르쳤다 하며, 친척 집 혹은 삼촌 집에 심부름을 보내어 간접적
으로 테스트를 받게도 했다.

이런 이야기 저런 이야기를 하다가 여자의 생리나 구조에 관한 말
을 꺼내고 첫날밤에 알아두어야 할 상식에 대해서도 경험담을 이야
기하게 된다. 대화가 어려운 부자간의 가르침을 대신한다는 목적으로
농담 삼아 이러 이렇게 하니 아들을 낳았다고 딴 사람의 이야기를 비
교하여 말한다.

그 이야기 중에는 이런 것도 있다. "동리는 여성의 국부이며 자궁
은 복숭아꽃인데 어디로 찾아가야 되는가?"라는 질문과 "그곳은 한
촌 두 푼 깊이의 정원이다"라는 대답으로 응수하게 하고, 또 방법은

너무 깊거나 얕지 않게 하여야 한다고 힌트를 주며 왼쪽은 아들, 오른쪽은 딸이라고 외우도록 가르쳤다 한다.

또 건강관리에 있어 보정(保精)이란 남자의 정액은 일정한 양이 축적되어 있어야 손명(損命)이 되지 않는다고 가르치고, 색을 너무 좋아하면 건강을 해치니 연령에 따라 지켜야 할 횟수도 말해 주었다 하는데 설혹 현대의식으로는 믿을 것이 못 된다 하더라도 참고로 덧붙인다.

서유거의 『임원십육지』 「방중절도」에는 20세 전후에는 4일에 한 번, 30세 전후에는 8일에 한 번, 40세 전후에는 16일에 한 번, 『포박자』에서는 20세 전에는 2일에 한 번, 20세 후에는 3일에 한 번, 30세 후에는 10일에 한 번이라고 되어 있으나 현대에 꼭 맞는다고 할 수는 없고 절제란 의미에서 새겨볼 만하다.

또 거풍이란 말이 있는데 이 말은 남자의 보정법에 속하는 것으로 약을 먹어 정기를 보강한다든지 뱀이나 두꺼비 등의 이상한 동물을 먹어 정력 보양을 한다는 요즈음 방법과는 판이한 자연 속에서 태양 볕을 쪼여 정력을 보강한다는 방법이다. 즉, 산마루에 올라 바위에 옷을 벗고 하체를 노출시켜 내리쬐는 태양 볕을 받는 것으로, 예전에는 남성이 상투를 하였기 때문에 가끔 풀어 말려야 했는데 이것을 할 때 같이 했다는 것인데, 이렇게 하면 태양의 기운이 스며들어 정력이 보강된다는 풍습이다.

남성의 정력이 얼마나 중요한 것인지 예나 지금이나 똑같다고 할 수 있으며, 이런 것을 너무 좋아하는 사람에게는 "벼장밭 반태기도 못하는 놈 거풍하러 간다"고 욕하기도 했다니 이 또한 절제를 힐난하는 말이기도 하다.

이러한 성교육은 어찌 보면 현대의 교육보다 앞선 방법이 아닌가 생각되며, 건강유지에도 도움이 된다고 할 수 있다. 더욱이 남녀구별 않고 하나만 낳는 시대에 자기 목적을 쉽게 달성하는 것이란 점에서 참고할 만하다. 시대는 변하여 상투는 없지만 가릴 곳을 가리고 하고, 해수욕이나 칭칭 동여매고 등산하는 방법에서는 찾아보기 힘든 일이고, '온고지신' 옛것의 훌륭한 점이 있다면 알아두게 하려는 데서 옮긴 것이다.

삼태도 칠태도

이조시대의 태교를 예의 관찰해보면 여러 가지 지침서 중 삼태도와 칠태도를 엿보게 되는데, 무엇이 이렇게 복잡하고 어렵게 되어 있나 하고 생각하는 분을 위하여 약간의 설명을 첨가하고자 한다.

삼태도, 칠태도는 각각 계층별로 이용하던 태교의 요 항목으로 보면 된다.

삼태도는 일반 서민층에서 즐겨 쓰는 태교의 지침으로 간략하게 세 가지로 구분한 것인데, 계급이 낮아서라기보다 먹고사는 데 급급한 사람들에게 지키기 어려운 항목은 있으나 마나였기 때문인 것이며, 칠태도는 좀 더 세분한 것으로 양반집이나 대갓집에서는 식생활 걱정 없이 식모, 침모, 찬모, 행랑방 사람들이 할 일들을 다해주니 이런 집 며느리들은 자손을 훌륭히 낳고 키우는 것만도 막중한 일로 보아서 많은 것을 잘 지키게 한 것이라 볼 수 있다.

이규태 씨의 서민한국사에 보면,

① 높은 마루나 걸상 위에 올라서는 것, 험한 길이나 빗물을 건너

는 것, 개구멍 출입 등을 삼갈 것

② 말이 많거나, 깔깔대고 웃거나, 놀라거나, 겁을 먹거나, 우는 것
등을 삼갈 것

③ 가로눕는 것, 기웃이 서는 것, 부정한 것을 보는 것, 음탕한 소리
를 듣는 것 등을 삼갈 것

④ 닭고기, 오리고기(알), 오징어 등 먹기가 섬뜩하거나 께름칙한
감을 주는 음식을 삼갈 것

⑤ 샘을 내거나, 욕심을 부리거나, 원한을 품어서는 안 됨

⑥ 성현의 글을 읽거나 아름다운 시를 읊는 것이 좋음

⑦ 기품이 높은 봉황이나 거북이 사진을 걸어 놓거나 명향을 맡는
일, 주옥같은 노리개를 몸에 지니고 가까이 하는 것이 좋음

이상이 지켜야 할 것들이다.

그리고 이 중에서 지킬 수 있는 것 세 가지를 지키게 한 것이 삼태
도로, 이를 서민층의 태교지침으로 삼았다. 그러나 현대는 민주국가
로 누구나 차별이 있을 수 없다. 하고자 하는 사람이라면 누구나 할
수 있으며 원한다면 5태도, 10태도로 발전시켜 보다 시대에 맞게 할
수가 있으니 참고해두기 바란다. 형식에 구애되지 않고 어디에 역점
을 두었느냐 하는 것이 진보된 방법이라고 생각된다.

남아선호도에 따른 아들 낳는 상

우리 사회에 전해져 내려오는 말들 중에는 밥 먹을 때 쥐는 수저의 길이로 색시를 데리고 오는 거리를 측정할 수 있다는 말이 있다. 가령 수저를 짧게 쥐면 가까운 거리, 즉 동아리나 몇 10리 안쪽에서 색시를 데려오며, 멀리 쥐면 100리 밖에서 색시를 맞게 된다는 것이다.

그런데 우생학에서 보면 100리쯤은 떨어진 쪽 결혼이 좋다고 했다. 물론 동성동본의 결혼은 반대하였지만, 이것도 거리와 연관된 다른 쪽의 우생학적 견지라고 할 수 있다. 부계사회였기에 남아선호도는 대단했던 것으로 결혼하여 아들을 낳지 못하면 대를 끊기게 한다고 칠거지악을 적용하여 며느리의 위치까지도 흔들리게 했고 또 선을 보는 데도 품행, 용모, 재능 등은 다음 문제고 아들을 낳을 수 있는 체격의 여자상을 갖추었느냐에 초점을 두었다고 봐도 과언이 아니다. 그리하여 아들을 못 낳은 부인은 수단과 방법을 가리지 않고 찾아다니며 좋다는 약수는 물론, 사약이라도 아들만 낳게 된다면 가리지 않았고, 돌부처의 코를 갈아먹으면 효험이 있다 하여 전국 사찰의 돌부처의 코가 갈리어져 있음은 널리 알려진 사실이다.

또 어느 고장에서는 아들 낳은 사람의 속옷이나 생리대까지도 빌려 사용하는 일까지 있었다 한다. 칠성님께 빌면 된다고 치성을 드리는 일, 삼신단지를 만들어 놓고 꼭두새벽이나 아닌 밤중에 비는 일도 있었다. 어떤 이는 태아는 3개월이 되어야 성별이 결정지어진다고 성전환법으로 약을 지어 달여 먹는 경우도 있었고, 또 어느 계층에서는 태몽 중에 남 태몽을 꾸려고 애쓴 이도 있었다.

그러나 이런 것들은 현대과학에서 보면 웃지 못할 에피소드로 그 시대 여인들의 입장에서 어쩔 수 없는 최대한의 노력이었다고 보이며, 현대에 사는 여성들은 행복한 시대에 태어났다고 봐야 옳겠다. 그러면 아들 낳는 상(相)이란 어떤 것이었나를 참고 삼아 적어 보면, 눈이 촉촉해선 안 된다(맑아야), 배꼽은 쏙 들어가야 된다, 젖꼭지가 검어야 된다, 손바닥에 혈색이 돌아야 한다, 어깨가 모나지 말아야(둥글어야) 한다, 궁둥이가 평평해야 한다 등이며 또 어느 고장에선 허리가 가늘면 못 쓴다, 눈 양미간에 도랑이 패이면 안 된다, 손에 땀이 나고 얼굴이 상기되면 좋다 등의 여러 가지 민속, 토속적인 이야기가 있다.

그러나 이런 것들은 구시대의 사라진 풍습이요, 현대는 여권이 신장되고, 인간성 회복 등 균등기회의 사회로 아들, 딸 구별 말고 하나만 낳는 시대이다. 그렇다고 향락 위주의 결혼관이 있다면 서구문명을 잘못 받아들인 균형사회의 좀이다.

옛 풍습이지만 소개하는 것은 그것이 꼭 그렇다기보다는 현대 의미에서도 가슴이 평평한 여인이나 허리가 가는 사람 중 골반이 발달 안 돼 임신이나 출산이 어려웠던 경우를 연상하여 미리 준비할 필요에서 소개하는 것이다.

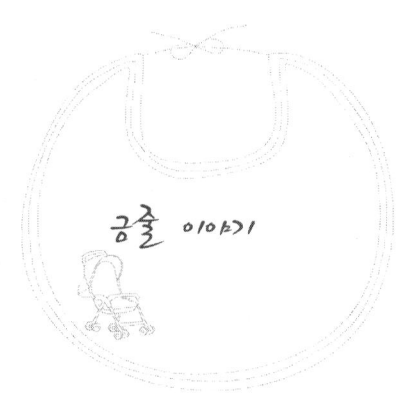

금줄 이야기

우리는 예로부터 아기를 낳으면 대문에 새끼로 된 금줄을 매다는 관습이 있다. 아들을 낳으면 고추와 숯을 꿰어 달고, 딸을 낳으면 소나무 가지와 숯을 꿰어 달아 출산했음을 표시한다.

이것은 첫째로 새 생명 탄생에 대한 기쁨을 알리는 것이라 하지만 자세히 알고 보면 의학적으로도 깊은 뜻이 담겨져 있음을 엿볼 수 있다. 숯은 소독, 제독의 효과가 있다. 현대사회는 보다 나은 소독방법이 있지만 전통사회의 방법으로는 의미가 있었다. 무엇보다도 출입하는 사람들에게 예로써 경고하는 뜻인데, 갓 태어난 생명은 병의 저항력이나 외계와의 접촉에 익숙지 못한 데서 오는 제반요인을 자제하려는 의미이다.

탯줄이 잘리고 얼마 안 된 배꼽 부위에 잡균의 접근을 미연에 방지하고, 생리적 변화를 안정으로 환원해야 하는 허약한 상태의 산모에게도 어떤 오염을 예방하려는 의미로 해석된다.

보통은 삼칠일간 금줄을 걸어 놓는데, 아기의 배꼽이 아무는 기간이 약 20일이라니 삼칠일이란 3×7로 21일, 정확한 의학적 수치이다. 모자가 같이 건강할 때는 3일 정도 앞당겨 거둘 수가 있고, 반대로 아기나 산모 중 어느 한쪽이라도 건강이 회복되지 않을 경우는 3×7이 아니라 7×7, 즉 49일간을 걸어 놓을 수가 있다.

이런 것은 새 생명에 대한 훌륭한 보살핌으로 고금을 막론하고 지키는 것이 좋을 것이다. 혹시라도 구걸하는 사람이나 병이 있는 사람 또 필요 없는 물건을 가져와 귀찮게 하는 등의 공해(선의의)도 좋다 할 수는 없다.

포교나 포도하는 사람들도 이 금줄을 보면 미리 알고 다음 기회로 미루고 간다는 우리 풍습은 아름답기만 하다. 그래서 금줄은 의학적 의미가 크다고 하는데 정신적, 심리적 의미도 내포되어 있음을 엿볼 수 있다.

덧붙여 전통사회의 유래를 소개하면 금줄의 새끼는 왼편으로 꼰 것이라 하는데, 그 이유는 세상사 모든 것이 오른편, 즉 옳은 길로 가게 되어 있으나 그런 길은 잡귀가 쉽게 올 수 있다 하여 잡귀의 길을 막으려면 반대방향으로 해야 길을 잃는다는 풍습이라고 하니 좀 우스운 이야기 같지만 우리의 정신적 예방법이라는 관점에서 풀이해보는 것은 무방하리라 본다.

우리 인속에서 본 태몽풀이

　용꿈, 별 꿈, 난초 꿈 등은 귀한 아들을 낳는 것으로 풀이되고, 태양이나 별이 입 안으로 들어가는 꿈은 위인을 낳는 것으로 풀이된다. 달이 품에 안기는 꿈과 치마 밑에 들어오는 꿈은 아들, 호랑이가 무는 꿈이 보이면 아들, 학이 품에 안기는 꿈은 귀인, 밤·포도·고추가 꿈에 보이면 아들, 조를 얻으면 아들, 보리를 얻으면 딸, 앵두나 연꽃을 안으면 딸, 비녀를 얻으면 딸, 가락지(반지)를 얻으면 딸, 부처를 보는 꿈은 아들, 거울을 얻는 꿈은 아들, 금이나 은 술잔은 아들, 아내가 비단옷을 입는 꿈을 남편이 꾸면 아들 꿈이라고 한다.

　이 밖에도 태몽이 될 길몽을 꾸면 남편이 벼슬을 얻거나 승진하거나 또는 시험에 합격하거나 폐물을 얻는다고도 하는데 그중에서도 용꿈은 과거에 합격하고, 돼지꿈은 재물을 얻고, 물을 보면 술이 생기고, 불을 보면 벼슬이나 사업하는 사람은 길몽이며, 아기 꿈은 몸에 병이 생기고, 음식을 먹는 꿈은 병의 징조라 한다.

태점(胎占) 계산법

우리나라의 음양오행을 서구에서 연구하기 시작했다는 이야기가 있다. 그런데 이 음양법이 과학적으로 어떻게 설명이 될지는 몰라도 음양법에서 태점을 계산하는 방법이 있어 참고로 설명하면, 기본수는 49이며 여기에 임신한 달의 수를 더한다(가령 4월에 임신했다면 49+4가 된다).

다시 여기에 임신부의 연령과 천(天)−1, 지(地)−2, 인(人)−3, 사시(四時)−4, 오행(五行)−5, 육률(六律)−6, 칠성(七星)−7, 팔품(八品)−8을 더한 수 36을 뺀다. 그래서 남은 수가 짝수일 때는 딸이 된다 하며 홀수인 때는 아들이라 한다. 가령 22세의 여인이 4월에 임신했다면 (49+4)−22−36=−5, 이때 −5라는 수치는 홀수가 되므로 아들이라는 것이다. 여기의 기본수 49는 음양+오행, 7×7=49로 예를 들어 49제는 혼이 하늘로 오르는 날이라 하는데 아마도 불교에서 나온 것이 아닌가 한다. 다만 옛날에 임신한 집에서 아들인지 딸인지 궁금할 때 풀어보았던 방법이므로 참고로 소개하는 데 그친다.

새 생명이 잉태되는 것은 하늘의 섭리요, 우주의 원리에 의한 것으로 음양오행설에 입각한 판별방법, 즉 천(남), 지(여), 금, 목, 수, 화, 토, 오행을 기본으로 하여 뽑아낸 숫자로 만든 신기한 공식이라 할 수 있다.

또 풍속적 통념에서 남자를 홀수로 생각한 것은 아마 혼자서도 일을 능히 할 수 있다는 의미이며, 여자는 같이 있어야 무슨 일을 할 수 있다는 남존여비사상에 근거한 것인지는 몰라도 경험철학에서 만든 확률 높은 방법이란 말도 있다.

요즈음에는 과학이 발달하여 2주만 되면 체크할 수 있는 시약이 나와 있고, 임신 3~4개월이면 아들, 딸을 판별할 수 있는 초음파가 있어 그리 문제될 것은 없으나 아들, 딸 구별 말고 하나 낳는 시대이므로 옛날의 재미있는 일을 알아보는 데 그친다.

태점(胎占)에 얽힌 설화

『삼국사기』에 있는 설화(說話) 중에 동천왕(東川王)에 대한 이야기가 있다.

고구려 10대 산상왕(山上王)은 일찍이 아들이 없어 주촌동에 있는 미녀 하나를 후실로 삼았는데, 그 후실이 왕자 하나를 낳아 얼마 후 왕위를 계승하고 11대 동천왕이 되었다. 원래 서민 출신인 동천왕의 어머니는 그녀의 어머니가 임신했을 때 무당에게 점을 치니 왕후를 낳을 것이라고 예언했다는 것이다. 바라기는 떡두꺼비 같은 아들이었지만 왕후를 낳는다고 하니 기쁜 마음으로 아이를 낳았다.

그렇게 하여 예쁜 딸은 미인으로 소문이 났고, 후에는 예언대로 후궁이 되었다. 어렸을 때 딸의 이름을 후녀라고 지었다는데 결국에는 후궁의 자리에 올라앉은 것으로 들어맞힌 태점 이야기이다.

전통 금기 식품과 그 이유

『열녀전』, 『소학』, 『동의보감』, 『천금방』, 『규합총서』, 『태교신기』, 민가에서 수집된 것 등을 비교하여 같은 종류의 것을 종합 소개하면,

- 과일: 설익은 것, 벌레 먹은 것, 떨어진 것, 삐뚤어진 것
- 채소: 날것이나 계절식품이 아닌 것
- 음식: 찬 것, 냄새나는 것, 빛이 변한 것
- 어패류: 우렁이, 가재, 비늘 없는 물고기
- 육류: 나귀고기, 말고기, 개고기, 산양, 토끼고기
- 조류: 참새, 닭, 오리고기(알)
- 기타: 엿기름, 마늘, 비듬, 메밀, 율무, 생강, 버섯, 홍당무, 마

예를 들어 설명하면,

- 엿기름과 마늘은 태를 삭힘
- 마, 매, 복숭아는 태에 나쁨
- 버섯은 경풍하거나 쉬 죽음

- 비듬, 메밀, 율무는 낙태의 위험이 있음
- 생강, 강아(비듬)는 육손, 다지(多指)의 원인이 됨
- 나귀, 비늘 없는 물고기는 난산의 우려가 있음
- 개고기는 소리를 못함
- 참새고기는 음란해짐
- 닭고기와 찹쌀은 촌백충의 원인이 됨
- 오리고기와 오디를 무침하면 황산의 우려가 있음
- 산양은 병 많은 아기
- 메기는 감식창
- 양의 간은 우환이 많은 아기
- 방계는 횡산의 우려

그리고 계피와 건강을 양념해 먹지 말며, 노루고기와 말밀 조개를 지짐 하지 말며, 쇠무릎과 회잎 순으로 나물하여 먹지 말라 등이다.

민가에서 수집된 것으로는,
- 5~6개월째 손가락이 생기니 오리고기는 손가락이 붙음
- 5~7개월째 골격이 생기니 문어, 낙지, 오징어는 무골아가 되고, 가재, 게는 피부를 거칠게 함
- 7~8개월째 피부가 형성되니 닭고기는 닭살피부가 되고, 명태 껍질을 먹으면 주근깨가 많아진다고 하는 것으로 책에 있는 것이 과장되거나 잘못 전해진 감이 없지 않다.

덧붙여 권장하는 음식이 있는데,
① 자식이 단정하고자 하면 이어(鯉魚)를 먹고,

② 자식이 슬기롭고 힘 있고자 하면 소 콩팥과 보리를

③ 자식이 총명하고자 하면 밀알을 먹어라.

그 외에도 잉어, 소의 콩팥, 보리밥, 밤, 대추, 호도, 흑충(가여) 등도 권하고 있는데 이를 좀 더 자세히 설명해보면,

① 보리: 철분이 쌀보다 10~20% 많고 농약의 공해가 없으며 중금속과 나쁜 물질을 배설시킨다. 또한 여자의 대하증과 입덧에 좋다.

② 대추: 다른 열매보다 철분이 3배 이상이고 비타민도 2배 이상이어서 임부가 하루 3~4개씩 먹으면 좋다.

③ 잉어백숙: 이것은 오랫동안 우리가 몸이 약하거나 병후에 익숙하게 해먹던 것으로 임부에게도 보신으로 좋다고 한다.

④ 산나물과 김이나 미역: 풍부한 철분이 있고 청혈제라 하여 산전, 산후의 임부에게는 필수음식으로 되어 있다.

⑤ 밤: 젖이 모자라 발이 꼬일 정도의 아기에게 밤을 쪄서 먹이거나 즙을 내어 먹이면 포동포동 살이 찌며 건강이 회복되는 것을 볼 수 있다.

여기서 이해를 돕기 위해 금하고 있는 것 중 그 자체가 정갈하지 못하거나 독성이 있거나 혹은 보기만 해도 기분이 섬뜩한 것으로 임부가 먹기를 꺼릴 때 모태에 해로울 수 있다는 정신분석학자, 심리학자들의 해설을 첨가한다.

그래서 고전을 훑어보니 한문으로 정미(正味), 이미(異味), 사미(邪味)로 구분되는데, 정미란 반듯한 맛이란 뜻으로 늘 먹어서 익숙한 맛이 나는 음식을 말함이요, 이미란 맛을 모르는 이상한 맛이 나는 음식, 사미란 단지, 쓴지, 새콤한지 모르는 요사한 맛이 나는 음식 등으로

구분하여 해득하기 어려움에 현대말로 그저 간단히 '별난 음식'이라고 해석되는데, 이런 것은 삼가는 것이 나쁠 것이 없음으로 쉽고 편하게 자기 나름대로 해석하기 바란다.

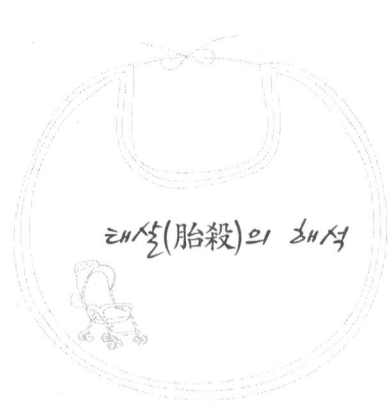

태살(胎殺)의 해석

우리나라 전통태교에서 보면 태살이란 말이 나온다.

가령 "갑자일(甲子日) 을축시(乙丑時)에 동쪽 창문에 가지 마라. 거기에는 태살이 끼어 있다"라고 하는 대목을 보면 이건 음양설에 나오는 것으로 간지(干支)로 사람의 운이나 재수, 명을 풀 때 쓰인 것인데 태중의 아기를 보호하기 위한 태교에도 나오는 것을 보면 예부터 우리는 60갑자, 역학을 꽤 중시했던 일면을 볼 수 있다.

생월생시라 하여 낳은 해와 달 그리고 낳은 날과 시를 모두 간지로 풀어 하루, 한 달을 어떻게 보낼 거냐 하는 것을 운수에 맞춰보고 나쁘면 예방도 하였다. 토정비결이라는 것은 토정 선생이 만든 것이지만 이것도 바로 간지를 기초로 하여 신수를 푸는 것으로 어떤 사람은 잘 맞기도 하고 또 어떤 사람은 비과학이라 하여 일축해 버리기도 하는데 요사이 과학적이라는 바이오리듬(Biorhythm) 설이 이것과 비슷하다.

이 바이오리듬이 얼마나 믿을 수 있느냐는 것은 차후로 미루더라도 상당히 신빙성 있는 근거와 통계를 갖고 있는 듯하다. 그래서 많은 사람들이 그래프를 그려 놓고 심리적, 신체적, 지성적 곡선을 찾아 길·흉일을 알아내고 그날의 일진에 따라 조심하는 것에 비유한다면 잘못된 것이라 할지 모르겠으나 하여튼 이와 비슷한 말인 것을 전제해놓고 보니 태중에 있는 아기도 엄마의 일시가 사나운 날, 임신부가 창가에 갔다가 살이 끼어 다치게 된다면 아기에게 어떤 화를 입힐 수 있다는 것이다.

그런데 중요한 것은 격식이 아니고 여기 쓰인 글자로 보통 태살이라면 죽일 살(殺) 자를 인용하는데 다른 자료에서 보니 살풀이 살(煞) 자로 되어 있는 곳도 있다. 이렇게 보면 태살이란 말은 아기가 죽는다는 뜻으로 해석하기보다는 어떤 해를 입을 수 있다고 해석해야 되지 않겠느냐 하는 것이다.

여기서 살풀이란 뜻을 설명하면 가볍게는 부부싸움을 하고 일주일이나 한 달 동안 서로 말을 안 한다는 소문을 듣고 옆에 있던 친구가 "거 살풀이 좀 해야겠는걸" 할 때 쓰이는 말에 비유할 수 있고, 또 좀 무겁게 풀어 보면 무당이 굿을 하며 이 사람의 원한을 풀어 주기 위하여 상대방의 화상(그림)을 그려 벽에 붙인 다음 거기에 대고 활을 쏘는 경우가 있다. 이때도 실제로 살인을 하는 것이 아니고 정신적, 심리적인 원풀이를 하는 것인데 이것을 살풀이라 한다.

이런 의미에서 다시 이야기를 해보면 임신부에게 태살이 끼었다는 말은 임신부가 그날 아침 동쪽 창문에 갔다가 문에 손을 찧는 경우에 임신부는 물론 손가락이 아파 쩔쩔 맬 것이고 이때 배 속의 아기는 놀랄 것이다. 이런 것은 정도에 따라 아기는 심하게도 영향을 받을 수도 있다는 의미가 아닐는지……

이것을 꼭 죽인다는 의미로 해석할 필요는 없고 다만 일진이 사나운 날이라면 이런 것을 참고하여 스스로 그날 그곳을 피하는 지혜가 요구된다.

또한 태살이란 부인양방에 론(論) 태교라는 데서 시작하여 『동의보감』의 태살금기 등에서 볼 수 있는데 여기에는 태아에 대한 것뿐만이 아니고 소아살(小兒殺), 삼살(三殺), 신황정명살(身黃定命殺)이라 하며 잘못되면 살기가 생기고 곳을 지적하고 있다. 울타리나 벽, 문짝 등을 뚫고, 박고, 파는 것 등은 하지 않는다고 하는데 화가 올 때는 중한 것은 아기가 배 안에서 죽거나 경하면 재앙을 받는다고 했다.

이웃집 수리하는 곳에서도 미치는 영향은 칼 쓰는 곳에서는 상하기 쉽고, 때리는 곳에서는 푸르게 멍이 든다. 흙으로 구멍을 막는 곳에서는 귀가 멀고, 얽어매는 곳에서는 오그라들기 쉽다고 하고 있는데 꼽추, 난쟁이가 이에 연유한 것이며 기발이(소아마비)나 조막손이가 여기에서 생긴다고 하고 있다.

이런 것들을 통틀어 수조동토(修造動土)라고 하며 수천 년 동안의 경험의학, 경험철학으로 엮어진 예방의학이다. 그렇다고 모자보건, 정신위생이나 심리학, 심령학 입장에서 검토하지 않고는 동기를 단순 의학의 입장에서는 납득하기 어렵다.

현대과학에서도 풀지 못하고 있는 어려운 경지이므로 우리는 삼가는 것이 좋다는 것을 태교 쪽에서도 배척할 필요는 없다. 왜냐하면 밝힐 수는 없지만 여기에는 많은 가능성을 내포하고 있기 때문이다. 현대적 의미의 선천성이라는 여러 병 중에 원인을 밝힐 수 없는 것은 어떻게 해야 하나? 이런 데서 찾아보는 것도 무의미하지는 않을 것이다.

전해지는 말로 오늘은 동쪽에 손이 있으니 그쪽에는 가지 말라든가 이사할 때도 남쪽에 손이 있는 날은 피한다든지 하는데, 이것은 살기(殺氣)의 의미로 해로울 수 있으니 예방한다는 말이며 본뜻은 삼살(三殺)이 있는 것으로 풀이된다. 그러므로 이것은 주술(呪術)이나 샤머니즘에 비유할 필요는 없다고 본다. 얼마 전 미국 국방성에서 태평양 상의 소련 잠수함 위치를 찾는 데 심령학자를 동원하였다 하여 말썽이 났던 일을 연상해보자. 과학이나 의학이 풀지 못하는 것도 꽤 많으니 말이다.

〈부록〉

요약 『태교신기』
(사주당 이씨 저술 – 현대 태교아카데미 요약)

우리나라의 유명한 저서인 『태교신기』를 요약하여 소개하는 것은 수천 년에 걸친 인간발생, 즉 태교에 관한 완벽한 글이라는 점에서이다. 저자 '사주당 이씨'는 여러 경서(經書)와 백가(百家)의 글을 읽으며 태교의 중요성을 간파하고 그 내용을 집성하여 후세에 남기고자 한 글로 고금을 통하여 찾아볼 수 없는 독보적 진서(珍書)로서 누구나 한 권씩 가지고 있을 만한 우리 문화의 자랑이기에 여기 간략하게 풀어본다.

작가
원작자는 유명한 『언문지』의 저자 '유희'의 어머니이신 '사주당 이씨'로 조선 후기(영조~순조) 때의 여성이다. 여류 문필가로 7~8권의 책을 저술한 바 있으나 임종 때에 다 불사르라 아들에게 명하고 미완성인 이 원고만을 완성토록 했다고 하는데 더욱 이 책의 소중함을 절감케 한다.

저술
원래는 한문으로 되어 있던 것을 아들 '유희'가 언문으로 주석을 붙여 언해라 하고 석학들의 추천을 받아 세상에 빛을 보게 된 것이 1801년이다.

내용

서두에 보면 여범 왈(女範 曰)이라고 옛글 여범이나 내측(內側) 같은 글에 태교에 관한 단편적인 기록은 있으나 구체적이고도 종합적인 저술은 없어 그것을 한데 모으고 자기 경험과 아는 바를 토대로 집필한다고 했으며, 또 자녀교육이 후천성을 기르는 데 있다면 선행되어야 할 것이 태교로서 아기는 태어나기 이전에 가르치는 것이라 했는데, 현대감각으로는 임부의 행하는 바(行實)로도 해석된다.

현대의 유전공학이 "태아는 유전인자보다 모체 안팎 환경이 결정"이라는 환경설을 입증하고 생명공학이 여러 가지 임상실험에서 결과를 발표하듯 인간의 발생과 육아는 영향설이 확실해지므로 태교는 소홀할 수 없는 중요한 덕목으로 재인식되기 시작했다.

서문

여범(女範)이 가로되 현명한 여인이 아기를 가짐에 반드시 태교를 실천하였다 하니 옛글에 상고하여 성군(聖君)의 뒤에는 그를 훌륭히 낳으신 어머니가 계심을 빠뜨릴 수 없는지라 여러 글에서 얻은 것과 자신의 경험한 바도 참작하여 그 효능을 실증하고 후세에 남기고자 집필한다.

제1장 태교의 이치(理致)

1절: 사람의 성품은 하늘에 근본하고 기질은 부모에 기인하니 성품은 선천적이요, 기질은 후천적인 것으로 기질이 편벽되면 고치기도 어려우니 삼갈 것을 소홀하지 말라.

2절: 아비 낳음과 어미 기름과 스승의 가르침이 한 가지로 연결되어, 가르침에 있어 태교는 그 본이 되고 스승에게 배우는 것은 그다음이 된다.

- 명의(名醫)는 병이 나기 전에 다스리고, 교육을 잘하는 사람은 낳기 전에 가르친다(태내에서).
- 태어나 10년 스승에게 교육받기보다 열 달 배 안에서의 가르침이 더 훌륭하다. 그러나 그보다 중요한 것은 하루 아비의 몸(마음)가짐이다.

3절: 신성한 결혼, 공경의 상접, 정결한 장소, 정성스러운 방사(房事)로 하며, 잉태(孕胎)의 잘잘못은 우선 아비의 책임이니라.

4절: 태교의 책임은 전적으로 어미 된 자에게 있나니, 임부의 도리로(列女傳을 비유) 예가 아니면 ① 보지 말고, ② 듣지 말고, ③ 말하지 말라, ④ 움직이지 말며, ⑤ 생각하지도 말라.

5절: 가르침은 오직 스승에게 있나니(學記에 가라대), 어진 스승은 입으로 가르치지 않고 몸으로 가르치어 그 뜻을 잇게 한다.

6절: 기운과 피가 맺히어 아기의 지각이 맑지 못함은 아비의 허물이요, 형상과 재주 없음은 어미의 허물이니라.

제2장 태교의 효능(效能)

1절: 인간의 성질은 태를 기르는 데 따라 다르다(모든 물질의 성질도 태로부터 나온다). 태란 성품의 근본이 되는 것이며 교란 후에 가르치는 것이다.

2절: 잉태 시의 환경(지방, 기후, 풍토)이 태아의 성품에 영향한다. 남쪽사람은 너그럽고 북쪽사람은 굳센 것도 잉태 시의 기후와 연관된다.

제3장 태교의 불이행(不履行)

1절: 태교에 힘쓰지 않음은 금수보다 못하다. 옛날 훌륭한 집에서는 태교를 잘하여 자식이 현명하였다.

2절: 요즘 사람은 태교를 하지 않아 자식들이 불초하다. 무사안일, 좋은 음식만 가려 먹고 쓸데없는 웃음만 일삼는 데 있다.

3절: 나는 새, 기는 짐승도 태교로 어미를 닮게 하는데, 사람은 성현의 어머니가 어떻게 했나를 배워서 실행해야 한다.

제4장 태교의 방법(方法)

임부가 보고, 듣고, 먹고, 마시는 것과 생각하고 느끼는 것 모두가 그대로 영향하여 아기는 만들어지는 것이니,

1절: 우선 주위나 집안 식구에게 협조를 당부하는 것은 분한 일은 태아의 피가 병들고, 흉한 일은 태아의 정신이 병들고, 천한 일은 태아의 기운이 병들고, 급한 일은 태아의 고질병이 생기기 때문이다.

2절: 태아는 어머니의 칠정(七情), 희(喜), 노(怒), 애(哀), 락(樂), 애(愛), 오(惡), 욕(慾)을 닮으니, 임부 곁에는 늘 착한 사람, 좋은 일만 있게 해주어야 한다.

3절: 임신 3개월이 되면 태아의 형상이 생기니 보아서 좋은 것은 귀한 사람, 좋은 사람, 구슬이나 공작 등 빛나고 아름다운 것, 성현의 글이나 그림, 신선(神仙) 등이고 보지 않아야 할 것은 광대, 난쟁이, 원숭이 짓, 희롱, 싸움, 형벌, 죽이는 것, 병신이나 몹쓸 병이 있는 사람, 벼락, 번개, 일식 하는 것, 별똥 떨어지는 것, 수재, 화재 나는 것, 동물이 교접하는 것, 더러운 것, 애처로운 것 등이다.

4절: 사람의 마음은 소리를 들으면 감동하는 것 — 태아도 마찬가지

이다. 나쁜 소리, 이상한 소리는 듣지 말고 시 읊는 소리나 책 읽는 소리가 좋다.

5절: 사람의 병은 약으로 고치나 자식은 임부의 마음가짐으로 된다. 삼가야 할 7가지가 있으니 ① 남을 해롭게 하는 일, ② 동물을 죽일 마음, ③ 간교한 마음, ④ 속이려는 마음, ⑤ 탐내는 일, ⑥ 시기, 질투, ⑦ 험담, 훼방하는 마음 등이다.

6절: 임부의 언어생활에 주의할 점은 분하다고, 성난다고 말할 때 손짓, 웃을 때 잇몸, 여럿이 있을 때 희롱, 남을 꾸짖는 것, 모함하는 말, 귓속말, 허망한 소리, 필요 없는 일에 간섭하는 것이다.

7절: 안태보존을 위하여 삼갈 일

부부동침, 두텁게 입는 것, 많이 먹는 것, 많이 자는 것, 차거나 더운 데 앉는 것, 몹쓸 냄새, 높은 곳, 밤 출입, 비바람 치는 곳, 우물과 뫼 있는 곳, 헌사당 있는 곳, 깊은 데와 험한 데를 가지 말며, 무거운 것, 과로, 상처 나는 일, 침 맞는 일과 함부로 약 먹는 일을 피할 것이며, 머리와 몸과 입과 눈이 단정하고 늘 화사한 마음으로 지낼 것이다.

8절: 무사, 안전을 위하여(일)

힘든 일, 위태로운 일, 실수하기 쉬운 일을 하라고 하지 않으며 양잠, 방적 등이나 바느질, 칼 쓰는 일 등은 피하거나 조심하라.

9절: 앉는 것과 움직이는 것 조심

기울이거나, 기대거나, 걸터앉거나, 높은 데 있는 물건 내리거나, 비틀거나, 어깨로 돌아보는 것, 구부려 머리감는 것(달이 차서)

10절: 서거나 다니는 것에 관하여

외발에 힘주지 말며, 기둥에 의지하지 말며, 위태로운 데 디디지 말며, 기우러진 길에 들어서지 말며, 오를 때는 반드시 서서 하고, 내릴 때는 반드시 앉아 하고, 뛰어 건너지 말며, 급하지 말라.

11절: 자거나 눕는 데 옳은 법

엎드리거나 너무 꼿꼿하게 굽히지 말고, 문틈 쪽이나 옥외는 금하며, 낮잠에 배불리 먹고 자지 말며, 달이 차면 왼쪽, 오른쪽을 고루 눕는다.

12절: 음식을 옳게 하는 법

· 먹지 않을 것 — 모양이 흉한 것, 벌레 먹은 것, 떨어진 것, 날것

· 피할 것 — 찬밥, 쉰 것, 변한 것, 냄새나는 것, 잘 끓이지 않은 것, 너무 많은 육식, 술, 말고기, 비늘 없는 생선 등이며 그 외에도 여러 가지가 있으나 참고로 몇 가지만 소개한다.

13절: 해산을 옳게 하는 방법

자연의 순리에 따라 진통을 겪고 산도로 해산함이 가장 좋다. 음식을 든든히 먹고, 걷는 것 자주하고, 아기의 동태를 살피고 비틀지 말며 바로 누우면 해산이 쉽다.

14절: 아기는 혈맥이 붙어 이어져 임부가 숨 쉼에 따라, 희로애락은 아기의 성격을, 보고 듣는 것은 아기의 기운을, 마시고 먹는 것이 살을 만드니, 임부는 이 오묘한 진리를 잘 알아 태교를 중히 하라.

제5장 태교의 중요성

1절: 태교를 모르는 자가 어찌 어미 될 자격이 있겠는가? 훌륭한 아기, 영특한 아기, 건강한 아기를 바라거든 마음가짐부터 보고, 듣고, 먹고, 행동함을 삼가지 않을 것인가? 잘못됨은 공을 쌓지 않음이다.

2절: 태교를 배운 후에 시집감이 마땅하다. 여자는 열 달 배 속에서 태를 키우는 고로 미리 알고 시집가야 되며, 열 달 수고를 소홀히

해 어찌 잘난 사람을 만들랴!

성인의 말씀을 따라 거취를 분명히 할 것이니 옛날 『대학(大學)』에 가라사대, "구하면 얻을 것이라" 하였느니라.

3절: 태교를 알고도 행하지 않으면 모르느니만 못하다. 어미 되고 태기름을 모른다면 천하의 부끄러움이요, 행함에 그릇됨은 없고 행하지 않고 바람은 어리석음이니라.

제6장 태교를 행치 않아 입은 해(害)

태교를 소홀히 하여 자식이 재주 없는 것, 형상이 온전치 못한 것 또 병이 심한 것, 태루, 난산, 요절 등을 지적하고, 서(書)에 가라사대, "하늘이 지은 재앙은 가히 피할 수 있으되 스스로 지은 재앙은 피하지도 못하느니라" 하였다.

요사이 증가하는 기형아, 저능아, 지진아, 미감아, 비만아와 선천성이라는 질환아를 일컬어 하는 말과 같다고 풀이된다.

제7장 미신과 사술(邪術) 경계

1절: 미신이나 사술에 빠지면 자연히 거센 기운이 일어나 아기의 형상에 그에 상응하는 것이 이루나니 경계해야 된다 하고, 소경을 불러들이는 일, 무꾸리나 굿, 그 외에도 역기운(逆氣運)이 나는 일은 일체 삼갈 일이다.

2절: 질투를 하거나 미워하는 마음은 복을 얻지 못한다. 씨앗 보았다고 용납하지 못하면 어찌 자식 재주 있으랴? 시전(詩傳)에 가라사대, "즐겁고 편안한 사람에겐 복이 돌아서지 않는다"고 했다.

제8장 태교의 비유(比喩)

1절: 태아는 어미의 체질을 닮는 것이니 이는 마치 '오이'가 넝쿨에 달린 것과 같아 어미가 병을 얻으면 아기도 병을 얻고, 크게 잘 되거나 잘못되는 것, 마르는 것도 다 어미 태기름의 탓이니라.

2절: 쌍둥이가 닮는 것, 한민족은 비슷한 것, 같은 시대 사람이 비슷한 것은 환경이 같은 조건인 때문이며, 한 형제도 버릇이 다른 것은 태 기를 때의 조건이 다르기 때문이다.

제9장 고인(古人)들의 행적(行蹟)

1절: 『열녀전』에 주나라 문왕의 어머니인 '태임(太任)'이 열심히 태교를 하여 훌륭한 임금을 낳았으매 "아기 배어 하나를 가르치니 열을 알더라" 하였고, 『대대래기(大戴禮記)』에 성왕의 어머니인 '읍강'의 이야기로 "아기 배어 행동하기를 조심하고 마음 쓰기를 단정히 하여 훌륭한 인물을 낳았다"고 예를 들고, 주나라 초에는 태교를 옥판에 새겨 금 궤짝에 보관하고 사용했다 한다.

제10장 태교의 근본 목적(目的)

- 한나라의 『가의신서(賈誼新書)』를 들어 태교의 목적은 훌륭한 자손을 얻는 데 있으나 가르쳐 행한 바 그 소질을 이루는 것은 군자지교(君子之敎)도 이보다 앞서지 못한다고 그 귀중함을 역설하였다.
- 훌륭한 사람은 마땅히 부인을 택할 때나 딸을 출가시킬 때에도 태교를 맡기거나 가르치거나 한다고 했다. 이것이 곧 어버이의 도리이니 진실로 참고할 것이다.

옛것을 현대인에 맞게 푼다는 것은 그리 쉬운 일은 아니다. 오직 우리 문화전통 속에 이런 훌륭한 가르침이 있었다는 것을 알고 한번 되새겨볼 기회가 되었다면 족하다. 현대과학의 입증 속에서도 이것을 읽어 보고 비교, 관찰하면 충분히 도움이 될 것을 확신한다.

〈부록〉

전통태교의 고증(考證)자료

우리나라 篇

· B.C. 25C 혼인규칙(단군): 단기고사, 규원사화 등 40여 종의 희귀
본에 의거, 홍익인간, 인본주의, 이화세계의 발생

· 232 태훈(단군 해모수): 원시 고구려의 시조

· 공 양태모의 법을 만들고 사람 가르치는 것을 태훈으로부터 시작

· 연대미상 탄훈(고조선): 인물 생육은 태훈으로부터 해야 됨

· A.D. 12C 팔만대장경: 부모은중경에 잉태의 은혜를 감사함

· 1370年 태중훈문(고려): 정몽주의 모(母) 이씨

일명 태중명심기에 꽃 묘종에서 얻은 철리(哲理), 선현의 행적에서
터득

· 1433年 향약집성방(세종 15年): 의서(醫書)-이효도, 노중예, 박윤
덕 공저 全 57권 중 85권에 의술과 우생학, 구자법

· 1450年 내훈(성종): 덕종의 부인 소혜왕후 한씨

여사서 참고, 여인의 몸가짐, 도덕, 예절과 임신수칙

· 1570年 율곡전서(선조): 이이 著

全 38권 중 31권 어록 편

· 1611年 동의보감(선조): 허준 著

全 23권 중 10권 부인문에 인간이 생기는 이치와 금기(교합금기·
임신금기·음식금기·약물금기 등)

· 1660年 계년서(선조): 우암 송시열 著

딸을 출가시키며 왕조사기의 이야기와 현모양처의 교훈(임신부가 몸을 단정히 하면 자식도 단정하더라)

· 1680年 규범(숙종): 영가후인

모태에서 열 달 동안 용모, 성정이 어머니 닮으니 성인이 태교하는 것은 이 때문임

· 1760年 여범(영조): 영빈 이씨

· 1765年 사소절(영조): 이덕무(실학사상가)

부의, 동규의 교육과, 음식 탐내는 것, 삼갈 금기사항

· 1770年 동몽선습(영·정조): 박세무 編

부모자식 간의 본성은 친임

· 1801年 태교신기(영조): 사주당 이씨 著, 유희 언해

全 10장이며 각 장마다 수 개의 절로 나누어 꾸민 상세한 내용의 태교전문서적(종합적이고 구체적인 진귀서)

· 1805年 규합총서(영조): 빙허각 이씨 著

당시 여성백과사전 全 4권 중 4권에 태교의 여러 가지 내용 수록 (태중장리·금기·태살·태몽 성전환법)

· 1820年 임원십육지(숙종): 서유거 著

경제의 책, 全 11권 중 7권에 방중절도, 보정법, 거풍구사, 임신장리, 임신금기 등

· 1825年 산림경제지(영조): 다산 정약용 著

가정살림의 글 속에 부인 임신 시 피해야 할 것, 조심할 것, 가려 먹을 것(부부동침, 술) 등 근거 비유

· 1840年 달생비서(이조): 황찬 編

윤씨 문중 비방서로 사실 추구, 실용적 금기 나열

· 1850年 해월신사법설(철종): 천도교주 최시형 著

태아는 안겨진 소우주로 부모의 기를 받아 모체를 빌려 탄생

· 1889年 내측과 내수도문(천도교)

포태하거든 육신을 피하고 우렁이, 가재 등을 먹지 말며, 기운 자리에 앉지 말고, 남의 말 하지 말 것 등

중국 篇

· B.C. 10C 내경(황제내경): 삼황오제 중 한 분

그중 산경에 이르길, 생명의 시작은 태로서 지켜야 할 9가지가 있음

· 소문명추: 의서로서 소씨문중의 비방을 적은 것

청사씨의 기록

한지 53편에 하(何)나라 왕후가 임신하면 태사, 태제가 지킬 것을 이름

· 8~5C 주역, 계사

주나라 문왕의 천지창조 이치와 춘추전국시대의 공자의 가르침

문왕의 어머니 태임, 공자의 어머니 안씨, 맹자의 어머니 삼천지교가 후세에 쓰임

· 174 가의신서(한, 효문황제 때): 가의 著

全 10권 중 9권에 "태어날 자식을 위해 첫출발부터 삼가야 됨"

· B.C. 32~ 열녀전(한, 효성황제 때): 유향 著

全 13권 중 1권 모의 편에 옛날 태임의 태교 비유, "아기 낳아 하나를 가르치니 백을 앎"

· 200年 대대례기(한): 대덕 著

全 13권 중 3권 48, 보부 편에 정갈치 못한 음식 왕자에게 올릴 수

없음(궁전에선 옥판에 새겨놓고 지킴)

•500年 안씨가훈(북제): 안지추 著

全 7권 중 1권 교자 편에 "총명한 아이는 하나로 열을 알고, 보아 능히 해득하나니……."

•550年 소씨병원론(수): 소원방

동양 최초의 의서로 全 50권 중 41권에 의학적 금기 첫 등장

10월 양태설, 임신금기, 정의론, 악조후 등 20론

•650年 천금방(당): 손사막(진인)

의서―全 30권, 태교를 구자법에 인용, 잉태 시 피해야 할 천기, 지기, 인기, 구자법 처음 나옴

•712年 천금보요방(당): 손선행 교주

全 6권에 사람은 욕심에서 질병이 생김, 기가 부족하면 병의 원인, 약 함부로 쓰면 안 됨

•720年 여사서(당, 송): 4인 공저

여계, 여논어, 여훈, 여범을 묶어 우수한 부모의 자식보다 훌륭한 태교를 한 자식이 뛰어남

•960年 소학(송): 주희(자)

全 6권 중 1권 입교 편에 부인이 임신하면 언행, 섭생, 소리 듣는 것, 예절 등 지키도록 하고 유교적으로 크게 영향을 끼친 문헌

•980年 득효방(송): 위역림 著

부인 양방에 소개되었으며 '태살'이란 말이 나오기 시작

•986年 의심방(송): 중국의 서적으로 일본인 주파가 옮겼는데 백제인이라고도 함

全 30권 중 28권 방내 편 구자 21장에 7가지 금기 16개항, 勿자 씀.

천금방, 산경, 옥방비결 인용 설명, 총명한 자손 - 남성의 태교 설명

　· 1000年 부인양방(송): 진자명 著

　태교문(임신총론)에 소씨 병원론 인용, 식기, 약기 등 상세히 저술

　· 1237年 태의원 부인양방(명): 설기, 교주

　全 24권 중 9, 10권에 여러 가지 금기에 태살(胎煞), 살풀이 살(煞) 자
가 나옴

　· 1200年 부인양방 보위(명): 웅종립

　금기와 의상, 내감론에 부부는 교합 전에 병의 유무를 확인하고 태
아보호 위해 과로 피하라 함

　· 1290年 삼원 연수서(원): 이붕비

　철학서적, 全 6권 중 1권에 임신금기로 때와 날씨, 큰바람, 큰비, 일
식, 월식 피할 것, 태반을 과실꼭지에 비유

　· 1331年 후생훈찬(명): 주의 編

　출산금기, 범수태를 문왕의 태교에 비유, 닭고기에 찹쌀 넣어 끓이
면 촌백충이 생김

　· 1380年 성리대전(명): 호광 著

　만물의 생성원리를 태극도로 설명. 음양이기, 오행의 경위와 성형,
발전, 이치 등 설명

　· 1506年 의학정전(명): 호박(천명) 編

　全 8권 중 7권 부인문에 경맥이 순조로워야, 기와 혈이 화평해야
임신, 태통, 하혈 등 조심

　· 1575年 의학입문(명): 이정 著

　全 38권 중 31권 외집 5권에 임신 전후의 중요성, 임신 초기 27일간
특히 조심토록

· 1588年 만병회춘(명): 용정현 編

全 8권 중 6권 부인문에 교합가기론, 태성금기결, 임신 초기 동요나 자극 조심. 신진대사는 건강의 핵

· 1615年 수세보원(명): 용태의 編

全 10권 중 7권 부인과에 임신도 설계다. 여건 좋은 임신, 임신 중 금기는 예방약

그 외도 성제훈록, 위서동의전, 사천사여과, 부인대정록

· 일본의 회태양생훈 태교: 하전(下田), 세계대백과 사전: 하중(下中) 저, 태교: 정상(井上) 저, 후생백서: 후생성저, 현대적 태교: 판원(坂元) 저

· 영국의 신영부설(합신저) 등이 있음

동양권(기타국)의 경전

· B.C. 5C~ 탈무드(TALMUD): 유대민족 5,000년의 정신적 지주

· A.D. 5C~ 생활규범, 지식의 보고로 유대인의 성전(聖典), 지혜와 처세까지 기록, 임신부는 열심히 탐독하여 영재교육이 된다 함

· B.C. 5C~ 성경(聖經)에는 구약전서 출애굽기에 모세의 어머니가 아기를 낳으면 나라를 구하는 사람이 되게 하겠다고 기도함

구약전서 사사기 13장 3절에 마노아의 아내, 잉태하면 포도주와 독주를 금하라 하고, 시편 139장 13절에 모태에서 조직되고 빛보기 전에 기록됨을 앎

· 바가밭기타: 인도의 성전(聖典)

민족의 유전은 어머니 배 속에서, 여자가 망령되면 나라가 망함

· 4C 카마수트라: 인도의 성고전(바짜야나 編)

임부는 권태, 피로를 피하고 편안한 마음과 몸, 약을 삼가라 함

・코란경: 아랍

이슬람교(마호메트교, 회교)의 최고의 성전(聖典)

생명은 알라신의 뜻으로 임부의 시기, 질투는 죄라 하고 정숙을 가
르침

국내도서와 논문

1937, 이강년, 『태교신기 역문』
1956, 백세명, 『동학사상과 천도교』
1957, 김석환, 『조산학』
1960, 김재선, 「태중교육론」
1962, 지금송, 「태교와 그 의의」
1963, 조은숙, 「임산부의 심리조사」
1995, 유제경, 「어머니의 태교」
1967, 하영수, 「한국 임산부의 심리상태」
1967, 한제찬, 「태교신기 의역」
1968, 이능화, 『조선 여속고』
1972, 권영철, 「태교신기 연구」
1973, 이동민, 『태중교육』
1973, 이　영, 「전통 육아법 연구」
1973, 이규태, 『서민 한국사』
1973, 윤석중, 「어린이날의 유래」
1973, 남만성, 「소학」
1974, 최경옥, 「태교에 관한 연구」
1974, 문홍세, 「태몽에 관한 연구」
1975, 정양완, 「규합총서」
1975, 이춘섭, 「정신박약아 지도」
1970, 임동권, 『한국민속학』
1979, 이경복, 「산속연구」
1972, 이민수, 『부모은중경』
　　　　이원호, 『태교』
1978, 주정일, 『아동발달학』
1979, 유안진, 『예술의 소우주』

장세인, 「천재와 저능아」
1980, 유안진, 「도리도리 짝짝궁」
홍혜경, 「여성의 태교인식도」
1981, 김갑추, 「정신박약아의 가정」
박선영, 「불교의 교육사상」
박광인, 「한국사 강좌」
김명희, 「천도교의 태교사상」
1982, 김정율, 「아동발달과 교육」
1983, 고미향, 「태교실천 연구」
조숙남, 「산욕기 산모 연구」
1985, 장세인, 「태교대학 통신강의」
한남수, 「정남정녀 태생법」
박성학, 『선천영재』
1986, 석성우, 『태교』

그 외에도 번역물 등 수십 종이 있고 200여 가지의 자료들이 있으나 자세한 것은 필요로 하는 사람들에게 제공하고자 한다.

임동근

경희대학교 법정대학 졸업
재일 東和신문사 본사 부사장 역임
전인교육협의회 이사
한국실업교육회 지도교수
미국 퍼시픽웨스턴 대학교 철학박사 학위 취득
MRA 청년지도자
현대태교아카데미 원장

〈활동경력〉
1981년
· 현대 태교 아카데미 설립
·『엄마랑 아빠랑』서적, 태교음악, 카세트테이프 제작
· 현대 태교 아카데미 지사 설립
1983년
· 새 세대 육영회 청와대 진언
· MBC TV 출연「안녕하세요 '변웅전'입니다」- 자녀교육(태교로부터)
1984년
· MBC TV 출연「차인태 살롱」- 여성과 태교(풀잎이 움직이는 소리)
· 무학여고, 영등포여고, 창덕여고 졸업반 전원 태교 특강
1985년
·『KBS 여성백과』기고 1, 2, 3월호
· 새 세대 육영회 중고교사
· 이화여자대학교 건강교육과 특강
· 금융연수원(여행원) 4회
· KBS 1TV - 정갈한 음식과 별난 음식(사미)
1986년
· 로타리멤버 강연
· MBC TV「태교」- 태교는 미혼여성의 지식
·『KBS 여성백과』기고 3, 4, 5월호
· 한국공항 여직원 2회
· KBS TV 신간안내에 태(胎) 소개
· KBS 라디오 하이웨이
· 경성, 중앙, 한양 금란, 경희, 홍익여고, 신경여상 졸업반 전원
· MBC 라디오「'임국희' 여성살롱」- 금기식품과 권장식품(중요성)
1987년
· KBS 라디오 서울 출연 3회 - 태교, 어떤 것인가(실천요령)
· 조폐공사 여행원(경산, 부여, 대전)
1988년
· MBC 라디오「이종환의 여성시대」- 태교 전통과 과학

· 대구(매일신문) 광고 「태훈(胎訓)」
1989년
· KBS 라디오 「황인용, 강부자」 시간 - 태교 실천과 결과
· 예지원 규수반
· 『민족문화』 신보 취재(제3호)
· 문화재 보호협회(신부반)
· 홍익, 진명여고, 관악, 동구여상 등 졸업반 전원
1990년
· 예지원(규수반)
· 혜화, 무학, 영등포 여고
· KBS 라디오 방송 3회(이호재) - 함께 알아봅시다
· 문화재 보호협회(신부반)
· 교정신문
· 예지원 창립 16주년 기념집 기고
· 한국의 집(신부반)
· 예지원(규수반)
1991년
· KBS 2 라디오 출연 - 태교는 남편이 더해야
· KBS 3TV(부모시간) - 태교는 언제부터
· KBS 1 라디오 방송 - 요즘 엄마들의 태교
· KBS 1TV 가정저널 초대석 이계진 시간 - 2세 교육 태교로부터
· KBS 라디오 여수 - 전화인터뷰(임신 중, 열 가지 방법)
· KBS 1TV 「신혼은 아름다워」 제주 출연(이수만과 함께)
· 삼성전관(주) 수원
1992년
· 예지원(규수반)
· 박사학위 및 출판기념회
· KBS 2 라디오(아침건강) - 기형아 예방
· KBS 2TV 「무엇이든 물어보세요」(임성훈) - 최초의 교육 태교
1993년
· MBC TV 「아침의 창」
· KBS 교육방송 출연(부모의 시간) - 태교 실천방법
· KBS 1TV 「아침마당」(이상벽, 정은아) - 열 달 배 속 교육
· SBS 「남편은 요리사」 출연 - 꽃게장
· KBS 라디오 인터뷰(국제방송) - 전통태교 고증
· MBC 임신육아교실 - 춘천, 여수, 청주, 충주, 포항, 제주, 울산, 마산, 전주, 안동, 원주, 진주
· 삼성전자 수원
1994년
· MBC 임신육아교실 - 부산, 제주, 강릉, 청주, 대전(앙코르), 순천, 춘천, 안동, 삼척, 포항, 제주
· EBS 녹화(부모시간) - 출산문화
· 예지원 규수시간

- 천도교 교학원
- 롯데쇼핑 여사원 10회

1995년
- 예지원 규수반
- MBC 임신육아교실 – 마산, 전주, 대구, 광주, 안동, 울산, 여수, 진주
- CATV G-TV 녹화 – 초보엄마(신세대 육아법)
- KBS 연속극 「딸부잣집」에 – 태교책
- 삼성전자 4회
- MBC 아침연속극 「행복」에 – 태교책
- CATV D-TV – 임신부(식습관 태교)
- KBS 3TV 부모시간 – 임신부가 조심해야 할 것
- 전례원 지도자반

1996년
- 태교대백과 태교음악 CD 발행
- 전례원(지도자반)
- MBC 임신육아교실 – 충주, 전주, 마산, 포항, 청주, 여수, 대전, 울산, 광주
- KBS 라디오 AM 4회 – 민족의 소리(우리 문화태교)
- EBS 부모시간 – 태교란 무엇인가
- 예지원 규수반

1997년
- SBS 「그것이 알고 싶다」 자문 – 소리 없는 교육 태교
- MBC 임신육아교실 – 전주, 진주, 포항
- 예지원(규수반)
- CH17(대교방송) – 육아는 임신 중 일과 연결
- 전례원(지도자반)
- EBS 어머니 시간 – 임부가 지켜야 할 사항

1998년
- 대전 TBJ TV에 출연 – 임신부 소식
- 안양 태교문화원(강사반) – 1개월 과정
- 안양 태교문화권(지도자 양성과정)
- KBS 2TV 노고하 – 미스테리 추적(태교)
- 전례연구원(지도자반)
- 예지원(규수반)
- 전례원(중, 고 교사)
- MBC 「시사매거진 2580」

1999년
- 전례원 제주, 대구, 광주, 본원
- KBS – 태교 다큐제작(인터뷰)
- 지도자 강의(교육장, 교장) – 24시간

2000년
- 성균관(예절학교) – 교원연수 5회

· 전례원(지도자 강의) - 본원, 전주
· 평촌 삼법학회(지도자) - 16시간
· MBC 임신육아교실 - 대전, 춘천, 여수, 대구, 제주, 광주
2001년
· 수원(지역사회) 교사 - 4시간
· 전례원 지도자 - 대구, 제주
· MBC 임신육아교실 - 충주, 원주, 청주
· 원광대 대학원 초빙교수
2002년
· Kinder 지도자 - 4시간
· MBC 임신육아교실 - 강릉, 전주, 대전, 원주
· Cable TV 육아
· 원광대학교 대학원 초빙교수
· 경기도 교육청(북부) 교장 350명
· 경기도 교육청(수원) 교장 600명
· 광명서 초등학교(학부모)
2003년
· 대구 전례원(지도자)
· 서울여성 플라자(임신부)
· MBC 임신육아교실
· 대학원, 지도자, 평생교육원
2004년
· 평생교육원(덕성여대)
2005년
· MBC 임신육아교실

태교시리즈 1

재미있는
미혼태교

초 판 인 쇄 | 2012년 11월 30일
초 판 발 행 | 2012년 11월 30일

지 은 이 | 임동근
펴 낸 이 | 채종준
펴 낸 곳 | 한국학술정보㈜
주   소 | 경기도 파주시 문발동 파주출판문화정보산업단지 513-5
전   화 | 031) 908-3181(대표)
팩   스 | 031) 908-3189
홈 페 이 지 | http://ebook.kstudy.com
E-mail | 출판사업부 publish@kstudy.com
등   록 | 제일산-115호(2000. 6. 19)

ISBN   978-89-268-3883-9 04590 (Paper Book)
         978-89-268-3884-6 05590 (e-Book)
         978-89-268-3881-5 04590 (Paper Book Set)
         978-89-268-3882-2 05590 (e-Book Set)

이담 는 한국학술정보(주)의 지식실용서 브랜드입니다.